KB127215

친절한

과학사전

친절한 과학사전

생명과학 편

정미영 지음

북카라반
CARAVAN

"

시대의 흐름이 변화함에 따라 생명과학에 대한 관심이 증대되면서 그에 대한 교육의 중요성도 더욱 커지고 있습니다. 그러나 학교 현장에서는 일상적이고 실질적인 경험 및 활동이 생략된 전통적이고 기초적인 내용과 지식을 획일적으로 습득하는 방식의 학습이 주로 이루어지고 있습니다. 이러한 학습은 이른바 미래 사회에서 요구되는 '혁신 역량'을 강화하는 데에는 별 도움이 되지 않을 뿐만 아니라 '생명과학'이라는 교과로부터 학생들을 점점 멀어지게 하고 있습니다.

'생명과학' 하면 거부감부터 갖는 학생들, '생명과학'에 별다른 흥미를 갖지 못하는 학생들에게 '생명과학'에 대한 새로운 시각과 관심을 갖게 하고 싶었습니다. 생명 현상이 교과서에만 등장하고 사라지는 것이 아닌 자신의 주변에서 흔히 일어나는 일상생활 속의 일이라는 것, 그래서 우리와 직접적인 관련이 있으며 재미있고 신비로우며 위대한 분야임을 조금이나마 깨달았으면 하는 마음에서 집필하게 되었습니다.

친절한 과학사전『생명과학』분야를 집필하면서 교육과정과 관련 있는 제시문의 활용 및 작성 등에서 적지 않은 어려움이 있었지만 친절한 과학사전의 관련 자료가 학생들에게 시대적 흐름을 읽을 수 있는 시각과 비판적 사고력 및 창의성 함양에 많은 도움이 되길 바랍니다. 무엇보다 이 책을 통하여 학생들이 생명 현상을 가깝고

머리말

친근하게 바라보게 되고, 보다 다양한 생명과학 분야에 관심과 흥미를 지니게 되기를 소망합니다.

끝으로 이 사전이 완성될 때까지 많은 도움을 준 가족과 출판 관계자분들께 깊은 감사를 드립니다.

지은이 정미영

친절한
과학사전

—

생명과학

contents

골격근

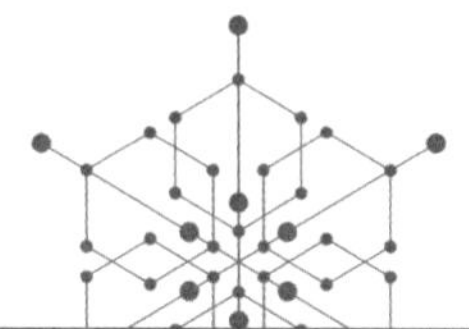

정의 골격근(骨格筋, skeletal muscle)은 뼈에 붙어서 몸의 움직임을 담당하는 근육이다.

해설 근육(筋肉, muscle)은 우리 몸속에서 뼈를 보호하고 몸이 움직일 수 있도록 해주는 살의 조직으로, 동물의 운동을 맡은 기관이다. 근육은 크게 뼈에 붙어 몸의 움직임을 담당하는 골격근, 심장을 움직이는 심장근(heart muscle), 내장 또는 혈관 벽을 이루는 내장근(visceral muscle)으로 나뉜다.

골격근은 대뇌의 지배에 따라 자신의 의지대로 움직일 수 있는 수의근(隨意筋, voluntary muscle)이고, 심장근과 내장근은 의지와 관계없이 자율적으로 움직이는 불수의근(不隨意筋, involuntary muscle)이다. 골격근과 심장근은 가로무늬(cross striation)를 볼 수 있는 가로무늬근〔횡문근(橫紋筋), striated muscle)〕이고, 내장근은 가로무늬가 보이지 않는 민무늬근〔평활근(平滑筋), nonstriated muscle〕이다.

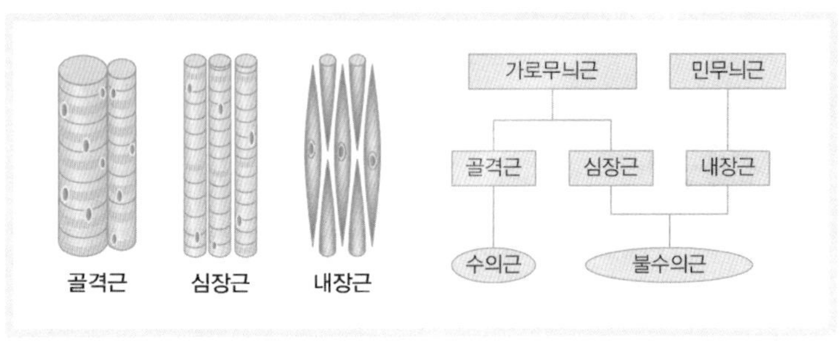

ㅣ근육의 종류 및 분류

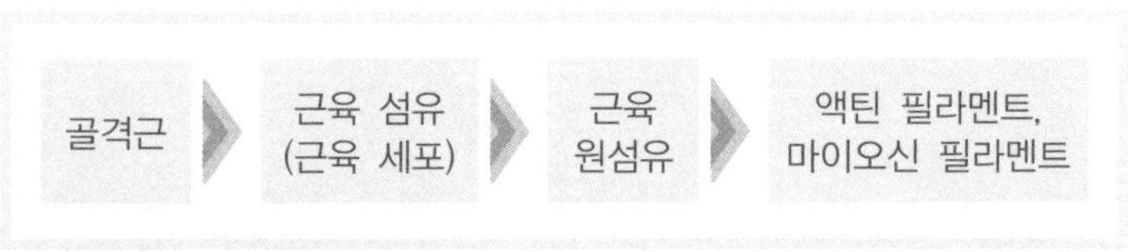

사람에게는 약 600개의 주요 골격근이 있다. 하나의 골격근은 길이 방향으로 평행하게 배열된 수천 개의 근육 섬유(muscle fiber)로 이루어져 있다. 근육 섬유들은 결합 조직에 의해 다발을 이루고 있다. 각각의 근육 섬유는 더 가느다란 근육 원섬유(myofibril)로 이루어져 있다. 근육 원섬유를 전자현미경으로 관찰하면 '근육 원섬유 마디(sarcomere, 근절)'라고 하는 단위가 여러 개 중첩되어 있다. 근육 원섬유 마디는 근수축의 기본 단위이며, 근육 원섬유 마디와 마디를 구분하는 경계선을 Z선(Z line)이라고 한다. 즉, 근절은 Z선과 Z선 사이를 말한다. 근절에는 굵은 마이오신 필라멘트(myosin filament)가 가는 액틴 필라멘트(actin filament) 사이로 일부분 겹쳐 배열되어 있다.

액틴 필라멘트만 있어서 밝게 보이는 부분을 I대(I-band, 명대)라 하고, 액틴 필라멘트와 마이오신이 겹쳐 있어 어둡게 나타나는 부위를 A대(A-band, 암대)라고 한다. 골격근은 이러한 구조 때문에 가로무늬가 나타나는 것이다. 근육 원섬유 마디의 한가운데에 어두운 띠(A대)가 위치하고, 어두운 띠의 중앙에 마이오신만 있어서 좀 더 밝게 보이는 부분을 H대(H-zone)라고 하며, H대 중앙에 마이오신이 부풀어서 생긴 선을 M선(M-line)이라고 한다. I대의 중앙에 나타나는 어두운 선이 Z선이다.

생.각.거.리.

'아킬레스건'은 왜 '치명적'일까?

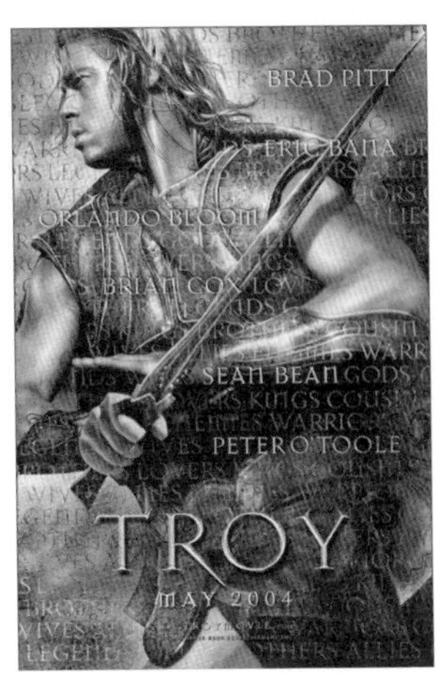

고대 에게 해를 배경으로 그리스와 트로이 간의 전쟁을 그린 영화 〈트로이〉에서 브레드 피트는 아킬레우스 역을 맡아 열연을 펼쳤다. 아킬레우스는 트로이 전쟁 때 아가멤논의 군대에서 가장 용감하고 뛰어난 전사였다. 그래서 적군에는 공포의 이름이었다. 전설에 따르면 아킬레우스가 어릴 때 그의 어머니 테티스가 아들을 스틱스 강물에 담가서 불사신으로 만들었지만 손으로 잡고 있던 발뒤꿈치만은 물에 젖지 않아서 '치명적인 약점'이 되었다고 하며, 그로부터 '아킬레스건'이라는 말이 생겼다. 과연 그는 나중에 파리스의 화살에 발뒤꿈치를 맞고 죽었다.

아킬레스건은 발뒤꿈치 뼈에 붙어 있는 굵은 힘줄로, 종아리 근육과 발뒤꿈치의 뼈를 이어주고 있는데, 아킬레스건이 끊어지면 발꿈치를 들어 올릴 수 없어 걷지 못하게 된다.

쥐는 왜 나는 것일까?

심한 활동을 하면 혈액은 근육이 급히 필요한 양만큼 산소를 제때 운반하지 못한다. 그러면 세포는 젖산 소화로 전환하여 급작스러운 ATP 결핍을 충족하려고 한다. 젖산 소화는 세포 호흡보다 ATP를 2~3배쯤 더 빠르게 생산하지만 글루코오스가 너무 많이 소모된다는 단점이 있다. 또한 근육 속에 쌓이는 젖산 때문에 근육이 말 그대로 화를 낸다. 그래서 아주 작고 미세한 근섬유가 찢어져 쥐가 나는 것이다.

우람한 근육질은 체력과 일치할까?

누구나 체력도 키우면서 다이어트를 하거나 근육질 몸매를 만들고 싶어 한다. 그러나 체력의 근간이 되는 근력(筋力)과 우람한 근육질(근육량)은 정비례하지 않는다. 근육량이 늘면 근력도 늘긴 하지만 근력은 근육량만으로 결정되는 것은 아니기 때문이다. 체력은 크게 근력과 근지구력(筋持久力)으로 판단한다. 근력은 근육이 발휘하는 힘 또는 외부의 힘에 저항하는 능력을 말한다. 근력을 결정짓는 대표적인 요소는 신경의 조절 능력과 근육의 크기(근횡단면적)이다. 이 밖에도 근섬유의 배열 상태나 근육의 길이, 관절각, 근육의 수축 속도 등 다양한 요인이 근력에 영향을 미친다. 근지구력은 반복해서 힘을 내거나 근육을 수축시킨 상태로 오랫동안 버티는 힘이다. 대표적인 예가 마라톤이다. 장시간 반복적으로 근육을 사용해야 하기 때문에 근육에 영양소와 산소를 원활하게 공급할 수 있도록 혈관계의 기능을 향상시키는 것이 필요하다.

참고로, 지나치게 우람한 근육질 몸매가 건강상 바람직하냐면 그렇지만은 않다는 것이다. 근육은 버틸 수 있는 중량이나 힘의 한계에 부딪히면 근섬유가 버티지 못하고 표면이 찢어진다. 이때 쉬면 상처는 회복되는데 보디빌더는 오히려 상처가 났을 때 쉬지 않고 운동을 한다. 찢어진 근섬유는 아무는 과정에서 좀 더 굵어지면서 부피를 키우기 때문이다. 흔한 예가 뽀빠이의 알통이다. 뽀빠이는 불룩 솟은 알통을 내보이며 힘자랑을 하지만 의학적으로는 근육 파열로 나타나는 병리현상이다.

다른 문제도 있다. 미국 보스턴의 데코니스 메디컬센터 연구팀의 결과에 따르면 젊은 여성의 경우 근육의 부피를 키우기 위해 무리하게 체지방을 빼면 무월경과 불임을 유발할 수 있고 골다공증의 발병률을 높인다고 한다. 근육을 키우기 위해 닭 가슴살 같은 고단백 식단을 고집하거나 단백질의 과잉섭취는 저밀도 콜레스테롤(LDL)을 증가시켜 고지혈증과 혈액순환 장애, 심장질환, 동맥경화 등을 유발할 수 있다는 보고도 있다. 또 혈관을 싸고 있는 근육이 지나치게 발달하면서 혈관을 압박해 혈관 건강에도 악영향을 미칠 수 있다는 연구 결과도 있다.

공생

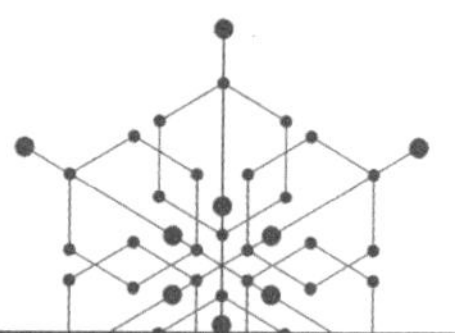

정의 공생(共生, symbiosis)은 군집 내 두 종의 개체군이 밀접한 영향을 미치며 함께 생활하는 것을 의미한다.

해설 공생에는 두 개체군이 서로 이익을 얻는 상리 공생(相利共生, mutualism), 한 개체군에는 이익이 있지만 다른 개체군에는 이익이 없는 편리 공생(片利共生, commensalism), 그리고 한 개체군이 다른 개체군에 붙어 일방적으로 이익을 얻으면서 피해를 주는 기생(寄生, parasitism)이 있다.

상리 공생은 두 종의 생물이 공생함으로써 서로 이득을 얻는 경우다. 상리 공생의 예로는 악어와 악어새, 조류(藻類, 광합성을 하는 원생생물의 한 무리)와 균류의 공생체인 지의류(地衣類), 개미와 진딧물, 말미잘과 흰동가리, 콩과식물과 뿌리혹박테리아 등을 들 수 있다.

콩과식물의 뿌리에는 박테리아가 서식하는 뿌리혹이 생긴다. 콩과식물은 뿌리혹박테리아가 살 수 있도록 뿌리 조직을 변형시켜 혹을 만들고, 뿌리혹박테리아에게 양분을 공급한다. 뿌리혹박테리아는 공기 중의 질소를 식물이 이용할 수 있는 형태로 고정시켜 콩과식물에게 공급한다. 그 결과 콩과식물은 자라는 속도가 빠르고, 콩은 다른 열매보다 단백질 함량이 높다.

또한 곤충이 꿀을 먹고 꽃의 수분을 도와주는 것이나, 세균이 소의 소화 기관에서 섬유소의 분해를 도와주고 양분을 얻는 것도 상리 공생에 해당한다. 또 다른 예로는 인간의 장에서 살고 있는 세균(장내 세균)과 인간의 경우다. 인간과 장내 세균은 언제부터인가 진화 과정에서 서로에게 도움을 주는 존재로 함께 살아오고 있다. 장내 세균은 인간이 소화시킨 탄수화물의 산물인 당을 얻어 생활하고 있으며, 어떤 장내 세균은 인간이 섭취한 질긴 식물 세포의 셀룰로오스(cellulose)를 분해하여 소화에 도움을 준다. 또한 장내 세균의 대표적인 대장균은 비타민 K를 합성하여 인간에게 공급해주고 묽은 변을 막아주는 등의 좋은 일도 한다. 인간과 장내 세균처럼 긴밀하고도 지속적인 상호작용은 서로에게 도움을 주어 상호 이익을 갖게 한다.

| 악어와 악어새

| 개미와 진딧물

공생이 반드시 서로에게 이익이 되는 모습만 갖고 있는 것은 아니다. 편리 공생은 함께 생활하면서 한 종은 이득을 얻지만, 다른 종은 별

영향을 받지 않는 경우다. 해삼과 숨이고기, 대합과 대합속살이게, 해삼과 바닷게, 혹등고래와 따개비가 편리 공생의 대표적인 예다. 바닷게는 해삼의 등에 올라붙어 손쉽게 이동할 수 있고, 때로는 적으로부터 보호를 받을 수도 있다. 이때 해삼은 이익도 손해도 없지만 바닷게는 해삼으로부터 이익을 얻는다. 혹등고래의 피부는 따개비에게 서식지를 제공하지만, 따개비는 고래에게 해도 득도 되지 않는다.

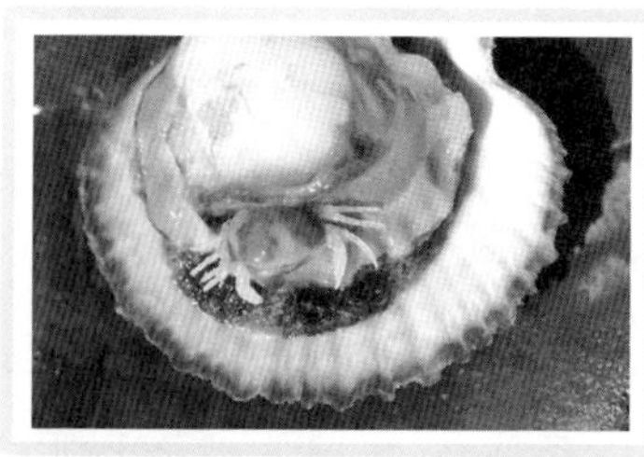

| 대합과 대합속살이게

| 혹등고래와 따개비

기생은 한 종이 다른 종에게 피해를 주면서 생활하는 경우다. 이때 기생하는 생물이 사는 생물, 즉 기생 생물에게 영양을 공급하는 생물을 숙주((host)라고 한다. 대부분의 경우 기생하는 종은 다른 종으로부터 먹이(양분)와 서식지를 공급받는다. 기생 생물의 예로는 동물의 몸속에 사는 내부 기생 생물인 기생충(회충, 요충, 십이지장충), 말라리아 원충 등과 외부 기생 생물인 진드기, 벼룩 등을 예로 들 수 있다. 뻐꾸기는 직접 둥지를 만들지 않고 다른 새의 둥지에 몰래 알을 낳아 기른다. 이를 '둥지 기생' 또는 '한배 기생'이라고 한다. 둥지 안에서는 뻐꾸기의 알이 맨 먼저 부화해 다른 알들을 하나씩 떨어뜨려 없앤다. 이후 뻐꾸기 새끼는 둥지 안에 혼자 남을 때까지 이 행위를 되풀이한다.

편해 공생은 무엇을 의미하는가?

한쪽은 피해를 보고 다른 쪽은 피해도 이익도 없는 경우를 '편해 공생(片害共生, amensalism)'이라고 한다. 자연 현상에서 편해 공생의 예는 매우 드물다. 푸른곰팡이가 분비하는 화학물질에 의해 세균이 죽는 현상인 항생작용이 이에 해당한다. 또한 흑호두나무가 물질을 분비하여 서식하고 있는 지역 내에 자라는 많은 초본의 생장을 억제하는 작용도 편해 공생이라 할 수 있다.

기생 생물에는 식물이 있을까?

다른 식물체에 부착하여 기생 생활을 하는 기생 식물이 있다. '새삼'이라는 기생 식물은 씨에서 싹이 나오면서 곧바로 자기 자신을 지탱할 뿌리를 만든 후 가는 줄기가 나와 자라서 숙주 식물에 도달한 후 숙주 식물의 줄기를 둘러싸고 기생뿌리라고 불리는 흡기를 내어 숙주 식물의 양분을 빼앗으며 살아간다. 담배대더부살이로 불리는 야고는 보통 억새 뿌리에 기생해 살아간다. 우리나라 남부 지방 억새밭에 주로 서식한다. 수정난풀은 생물의 죽은 몸 등을 영양원으로 사는 기생 식물로, 엽록소가 없어 식물체가 전체적으로 희다.

숙주 식물에 기생하는 새삼

억새 뿌리에 기대어 사는 야고

생물들의 기발한 기생 전략은?

레우코클로리디움은 달팽이를 중간 숙주로 삼는 기생충이다. 최종 숙주인 새 몸 안으로 들어가야 번식이 가능하다. 이 기생충은 달팽이의 촉수 안으로 들어가 가느다란 달팽이 촉수를 굵고 화려하게 변화시켜 애벌레처럼 보이도록 움직인다. 그러면 새들은 감염된 달팽이를 먹이인 애벌레로 착각하고 잡아먹는다.

키모토아 엑시구아는 도미류 물고기를 숙주로 삼아 물고기 입 속에서 혀처럼 살아간다. 물고기가 먹이를 먹는 동안 자신도 영양분을 빨아들이기 때문에, 물고기를 죽음으로 몰고 가는 일은 없다.

연가시는 작게는 10㎝, 크게는 1m까지 크기가 다양하다. 가늘고 긴 생김새 때문에 '철사벌레'로 불린다. 메뚜기목에 속하는 곤충을 숙주로 삼는다. 물속에서 부화한 연가시의 유충을 장구벌레(모기의 유충)가 먹으면, 감염된 모기가 된다. 사마귀나 여치 등이 이 모기를 먹으면 마침내 연가시는 최종 숙주로 이동하게 된다. 숙주의 몸에서 성충이 되면 숙주를 조종해 물가로 가게 한다. 그곳에서 숙주의 항문 등을 뚫고 나와 물속으로 들어간다.

동충하초의 포자(胞子, 씨앗 기능을 하는 생식세포)는 공중을 떠다니다가 나비나 매미 등 살아있는 곤충의 호흡기 등을 통해 몸 안으로 침입한다. 이후 숙주인 곤충의 영양분을 빨아들이며 자란다. 결국 영양분을 다 빼앗긴 곤충은 생명까지 잃게 된다. 몸길이 3~4㎜ 정도인 고치벌 역시 하늘소나 나방의 몸속에서 여러 개의 알을 낳는다. 이 알이 애벌레의 체액을 빨아먹으며 성장하고, 애벌레는 결국 목숨까지 잃고 만다.

숙주의 신체 모양을 바꾸는
레우코클로리디움

숙주의 몸 일부분이 되어 사는
키모토아 엑사구아

한편, 흰개미의 장에서 사는 편모충류의 한 종은 흰개미는 전혀 소화할 수 없는 목재 조각 속의 셀룰로오스를 소화·발효시켜 그 생성물을 영양 물질로 흰개미에게 제공한다. 그리고 흰개미는 편모충류에게 먹이와 서식처를 제공하는 상리 공생을 한다.

광합성 색소

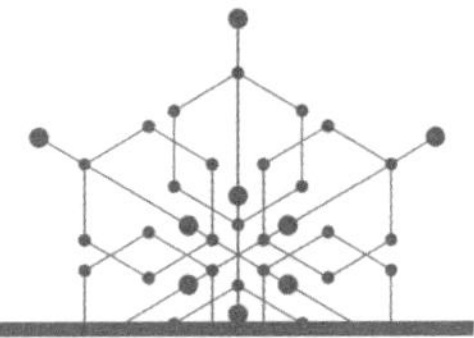

정의 광합성 색소(光合成色素, photosynthesis pigment)는 엽록체의 틸라코이드 막에 존재하는 것으로, 광합성에 관여하는 색소를 말한다.

해설 광합성 색소 중 가장 대표적인 것이 엽록소다. 이 밖에도 카로티노이드계 색소인 잔토필과 카로틴도 있다. 이들은 모두 색소체 안에 들어 있다. 색소를 함유하는 세포 소기관을 색소체(色素體, plastid)라고 한다. 색소체는 주로 광합성을 하는 식물 세포에 존재하며, 색소를 합성한다. 또한 DNA를 함유하는 독립된 세포 소기관으로 자기 증식을 한다. 이러한 색소체에는 엽록체, 백색체, 잡색체가 있다.

엽록체는 대부분의 식물과 조류에서 발견되는 색소체로 녹색을 띠는 색소인 엽록소가 들어 있다. 엽록소는 a, b, c, d 등으로 구분되며, 엽록소 a와 엽록소 b는 모든 식물에 공통적으로 들어 있다. 특히 엽록소 a는 광합성에서 중심 역할을 하는 색소이며, 세균을 제외한 모든 광합성 생물에서 발견된다.

잡색체는 엽록소 외의 색소를 함유하고 있는 색소체로, 광합성은 직접 하지 않고 빛에너지를 흡수하여 엽록소로 전달하는 보조 색소 역할과 엽록체를 과도한 빛으로부터 보호하는 역할을 한다. 잡색체에는 카로틴, 잔토필과 같은 카로티노이드계 색소가 들어 있다. 카로틴은 당근 뿌리나 고추에 많이 들어 있는 황색 또는 적색 색소로, 동물의 몸 안에서 비타민 A로 변하여 시각 성립에 중요한 기능을 한다. 잔토필은 노란색을 나타내는 색소로, 동물은 잔토필을 생성할 수 없어 음식을 통해 섭취해야 한다. 달걀노른자의 노란색은 닭이 섭취한 잔토필 때문이다. 잔토필이 많은 채소나 과일을 섭취하면 노인성 시력 감퇴를 줄이며, 밝은 광선에 의한 망막 조직의 손상을 막아준다.

백색체는 식물체에서 빛이 잘 닿지 않는 부분에 존재하며 색소를 포함하지 않는다. 녹말 등을 저장하며 빛을 받으면 엽록체나 다양한 색깔의 잡색체로 변하기도 한다. 콩나물이나 감자는 햇빛을 받으면 녹색으로 변하는데 백색체가 엽록체로 바뀌기 때문이다.

광합성 색소는 엽록체의 틸라코이드 막 표면에서 분리되어 있지 않고 서로 모여 광계라는 광합성 단위를 형성하여 광합성을 진행한다. 광합성 색소는 파장에 따라 빛 흡수율이 다르다. 광합성 색소의 빛 흡수율과 광합성 속도는 어떤 관계가 있을까? 엽록소는 청자색과 적색의 빛을 주로 흡수하고, 녹색 빛은 대부분 반사하거나 통과시킨다. 식물의 잎이 녹색을 띠는 것은 이 때문이다. 작용 스펙트럼을 보면 엽록소가 가장 잘 흡수하는 파장의 빛에서 광합성이 가장 활발하게 일어난다. 이는 광합성에 필요한 빛에너지가 주로 엽록소에 의해 흡수된다는 것을 의미한다. 광합성에는 카로티노이드 계 색소가 흡수한 빛에너지도 이용된다. 카로티노이드 계 색소는 엽록소가 흡수하지 않는 녹색 파장의 빛을 흡수하여 엽록소에 전달한다.

생. 각. 거. 리.

가을이면 왜 나무는 단풍이 들까?

나무에게 단풍과 낙엽은 다가오는 겨울을 무사히 넘기기 위한 제살 깎기와 같다. 낙엽수는 밤 기온이 섭씨 10도 이하로 떨어지면 가을이 왔다고 생각한다. 그때부터 뿌리로 흡수하는 수분의 양을 빠르게 줄이기 시작한다. 뿌리의 수분이 줄어들면 자연히 줄기와 가지에 흐르는 수분의 양도 줄어든다. 가지와 잎을 이어주는 잎자루에는 떨켜층이라는 칸막이가 생긴다. 잎으로 수분이 공급되지 않게 관다발을 막는 것이다. 추운 겨울이 되면 물이 든 나뭇잎은 꽁꽁 얼어 죽고 만다. 그 전에 나무는 잎을 말려서 땅에 떨어트리는 방법을 선택한 것이다.

떨켜층이 완성되면 잎에는 더 이상 수분이 들어가지 않는다. 수분 공급이 차단된 잎에서는 녹색을 띠는 엽록소가 서서히 빛을 잃어간다. 대신 여름내 엽록소의 푸른빛에 가려 제 색을 드러내지 못하던 색소들이 얼굴을 내민다. 단풍잎에서는 안토시안(anthocyan)이라는 붉은 색소가, 은행잎에서는 카로티노이드(carotinoid)라는 노란 색소가 선명해진다. 낮 기온이 섭씨 5도 이하, 밤 기온이 영하로 떨어지면 뿌리는 수분 흡수를 완전히 멈춘다. 결국 나무는 잎은 다 떨구고 앙상한 가지만 남긴다.

광합성 생물의 광합성 색소

생 물	광합성 색소
종자식물	엽록소 a, b, 카로티노이드계 색소
양치식물	엽록소 a, b, 카로티노이드계 색소
선태식물	엽록소 a, b, 카로티노이드계 색소
녹조류	엽록소 a, b, 카로티노이드계 색소
갈조류	엽록소 a, c, 카로티노이드계 색소, 갈조소
홍조류	엽록소 a, d, 카로티노이드계 색소, 홍조소, 남조소

앞의 표를 보면 엽록소 a, b는 모든 식물과 녹조류에 공통으로 존재하는데, 이는 식물이 녹조류로부터 진화해왔다는 증거가 된다.

엥겔만 실험이란 무엇인가?

해캄에 프리즘을 통과한 빛을 비추고 해캄 주변의 호기성 세균의 분포를 관찰하여 광합성이 활발하게 일어나는 파장을 확인한 실험이다.

낫 모양
적혈구 빈혈증

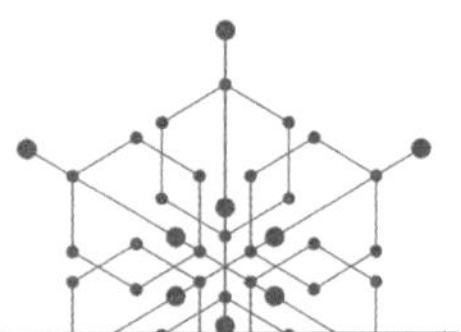

정의 낫 모양 적혈구 빈혈증(sickle-cell anemia)은 적혈구의 헤모글로빈 단백질의 유전자에 이상이 생겨 적혈구가 낫 모양으로 찌그러져서 생기는 유전병이다.

해설 유전자 돌연변이는 유전자의 본체인 DNA의 염기 서열에 변화가 생겨 나타나는 돌연변이다. 이것은 멘델의 법칙에 따라 유전되고 우성과 열성의 구분이 가능한데, 유전자 돌연변이에 따라 나타나는 유전병은 수천 가지가 알려져 있다. 그 대표적인 예가 낫 모양 적혈구 빈혈증이다.

낫 모양 적혈구 빈혈증은 적혈구를 구성하는 헤모글로빈 단백질에 이상이 생겨 나타나는 병으로, 열성 유전병이다. 겸형 적혈구 빈혈증, 헤릭 빈혈(Herrick's anemia)이라고도 하며, 주로 흑인에게 생기는 심각한 유전 질환이다.

정상의 적혈구는 원반 모양이다. 그런데 헤모글로빈 단백질을 암호화하는 유전자의 염기 서열 중 하나가 변화하면 아미노산 1개가 바뀌고 비정상의 이상 헤모글로빈이 적혈구 안에 쌓여 적혈구를 길게 늘어진 낫 모양으로 변형시킨다.

(이 현상은 산소가 공급되면 어느 정도는 회복되지만 반복되는 경우에는 영구적으로 변형된다.)

이렇게 만들어진 낫 모양 적혈구는 정상 적혈구에 비해 수명이 짧고 산소 운반 기능이 현저히 떨어져 악성 빈혈 증상을 나타내며, 모세혈관을 막아 혈액 순환을 방해해서 산소 공급 부족 현상을 야기하고 결국 신체의 많은 조직 세포에 손상을 일으킨다.

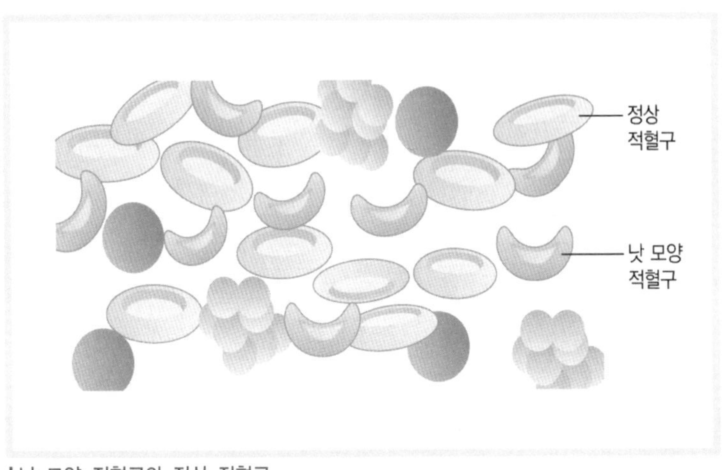

ㅣ낫 모양 적혈구와 정상 적혈구

생.
각.
거.
리.

낫 모양 적혈구 빈혈증은 어떤 변화로 나타나는가?

헤모글로빈 β사슬의 6번째 아미노산인 글루탐산이 발린으로 바뀌면 낫 모양의 적혈구가 만들어진다.

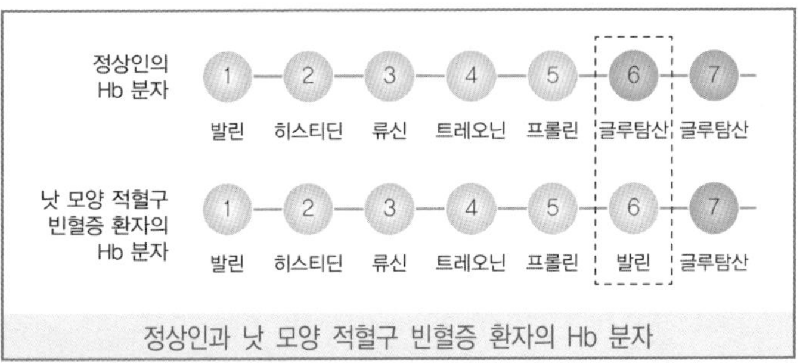

정상인과 낫 모양 적혈구 빈혈증 환자의 Hb 분자

적혈구 이상은 치료할 수 있을까?

미국 MIT(매사추세츠 공과대학)의 연구 팀이 낫 모양 적혈구 빈혈증에 걸린 쥐의 유전자를 정상 유전자로 대체해 치료하는 데 성공함으로써 같은 병을 앓고 있는 환자들에게 희망을 주었다. 낫 모양 적혈구 빈혈증은 부모 모두가 같은 질병을 갖고 있을 때 나타난다. 원인은 골수 줄기세포에서 βA 글로빈 단백질 유전자가 염기 하나의 이상으로 정상적으로 작동하지 못하기 때문이다. 모양이 바뀐 적혈구는 산소를 제대로 전달하지 못해 치명적인 빈혈을 일으킨다.

연구 팀은 βA 글로빈 유전자와 함께 γ글로빈 유전자의 일부를 에이즈 바이러스 유전자에 끼워 넣은 다음 쥐에게 감염시키는 방식으로 골수 줄기세포에 전달했다. γ글로빈은 적혈구의 모양을 유지하는 효과가 βA 글로빈보다 더 뛰어난 단백질이다. 연구 팀은 새로운 유전자를 전달받은 쥐들을 10개월 동안 관찰한 결과

이 두 가지 단백질이 정상적으로 만들어져 99%의 적혈구가 원래 모양을 되찾았다고 밝혔다.

낫 모양 적혈구 유전자(Hb^S)를 지닌 사람은 항상 빈혈이 나타나는가?

정상 적혈구 유전자를 Hb^A, 낫 모양 적혈구 유전자를 Hb^S라 할 때, 동형 접합인 사람(Hb^SHb^S)은 빈혈 때문에 정상적인 생활이 어렵다. 그러나 이형 접합인 사람(Hb^AHb^S)은 산소 농도가 정상일 때는 적혈구가 정상 모양을 하며 빈혈이 나타나지 않다가 산소 농도가 낮아지면 낫 모양 적혈구로 바뀐다.

낫 모양 적혈구 빈혈증과 말라리아는 어떤 관계가 있는가?

말라리아를 유발하는 말라리아 병원충이 이형 접합(Hb^AHb^S)인 사람의 적혈구에 들어오면 적혈구가 낫 모양이 되면서 말라리아 병원충이 기생할 수 없게 되어 말라리아에 잘 걸리지 않는다. 따라서 말라리아가 많이 발생하는 아프리카 지역에서 생활하는 사람은 낫 모양 적혈구 유전자를 이형 접합(Hb^AHb^S)으로 가지는 것이 오히려 환경에 적응하여 생존하는 데 유리하다. 그 결과 낫 모양 적혈구 유전자를 가진 사람의 생존율이 높아지고 낫 모양 적혈구 유전자가 다음 대에 전달된다. 이러한 낫 모양 적혈구 빈혈증은 돌연변이에 의해 출현한 형질이 환경에 적응하여 자연 선택된 경우다.

패스트푸드 과다섭취와 적혈구 손상

패스트푸드를 과다섭취하면 적혈구 손상이 증가할 수 있다는 연구 결과가 나왔다. 영국의 암 전문의 하산 하부비 박사는 항산화

성분이 많은 채소, 과일을 적게 먹고 패스트푸드 같은 가공식품을 많이 먹으면 골수의 조혈 줄기세포에 의해 만들어지는 적혈구 가운데 암과 관련된 유전자 변이를 지닌 적혈구의 수가 많아질 수 있다고 밝혔다.

건강한 사람은 골수에서 만들어지는 적혈구 중 암과 관련된 유전자 변이를 지닌 비율이 100만 개당 3~5개 미만이지만 가공식품을 지나치게 섭취한 사람은 적혈구의 유전자 변이 비율이 이보다 2배가 넘는다면서, 적혈구는 폐에서 산소를 받아 온몸을 돌아다니며 각 조직에 산소를 공급하고 노폐물인 이산화탄소를 거두어 가기 때문에 식사, 운동 등 생활습관에 따라 상당한 영향을 받을 수 있다고 지적했다.

하부비 박사는 적혈구는 이처럼 신체가 건강한 기능을 유지하는데 없어서는 안 되는 존재라면서 적혈구에 유전자 변이가 발생하면 결함을 지닌 적혈구가 만들어지고 이것이 암 위험을 높일 수 있다고 설명했다.

채소, 과일 같은 항산화 성분이 풍부한 식품을 먹는 사람은 유전자 변이를 지닌 적혈구도 적은 것으로 밝혀졌다. 이처럼 식습관과 적혈구의 유전자 변이 사이에는 밀접한 관계가 있다고 했다.

노폐물

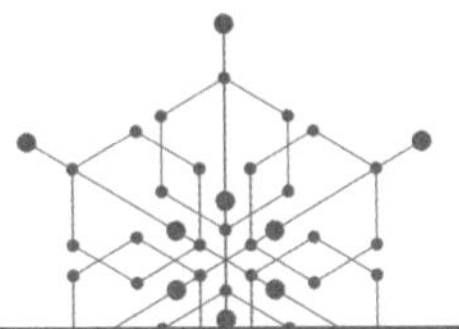

정의 노폐물(老廢物, waste product)은 생물체의 신진대사 과정에서 만들어지는 불필요하거나 해가 되는 물질이다.

해설 세포가 생명 활동에 필요한 에너지를 얻기 위해 탄수화물, 지방, 단백질 등의 영양소를 분해하면 이산화탄소(CO_2)와 물(H_2O), 암모니아(NH_3)와 같은 노폐물이 발생한다. 기체인 이산화탄소는 폐포(肺胞, pulmonary alveolus)로 운반되어 기체 교환을 통해 몸 밖으로 배출되며, 물은 날숨으로 나가거나 콩팥이나 땀샘에서 오줌이나 땀의 형태로 배설된다. 암모니아는 영양소 가운데 단백질이 에너지원으로 이용되었을 때 생성되며, 독성이 매우 강하기 때문에 간에서 오르니틴 회로에 의해 독성이 적은 요소로 전환된다. 간에서 생성된 요소의 대부분은 혈액에 녹아 콩팥으로 운반된 후 다른 노폐물과 함께 오줌의 형태로 배설되고, 일부는 땀으로 배출된다.

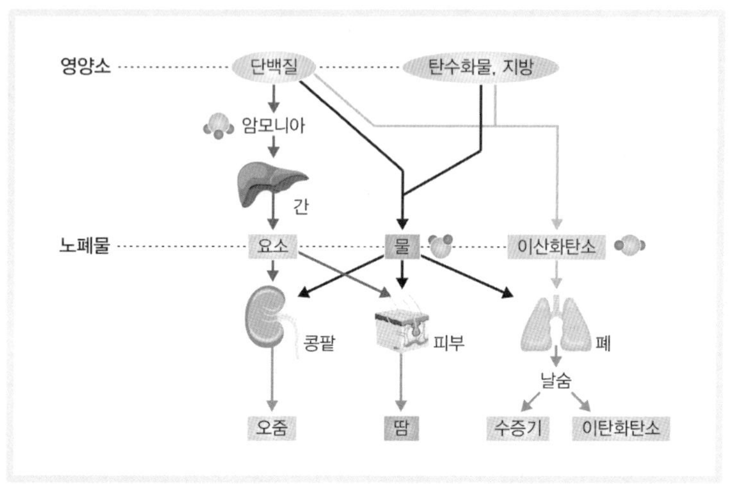

❙노폐물의 생성과 배출

소화되지 않은 음식물과 대사 과정 중에 생기는 질소를 함유한 부산물인 '질소성 노폐물'에는 암모니아 외에도 요소〔$CO(NH_2)_2$〕, 요산($C_5H_4N_4O_3$) 등이 있다. 동물의 진화 역사와 서식 환경에 따라 질소성 노폐물의 형태가 각각 다르다. 원생동물에서는 수축포라고 하는 세포 소기관이 삼투압을 유지시키며 질소성 노폐물은 확산을 통해 제거한다. 환형동물과 같은 무척추동물은 신관(腎管)이라는 배설 기관을 통해 질소성 노폐물을 배출한다. 수중 무척추동물과 붕어, 피라미와 같은 경골어류는 질소 노폐물을 독성이 강한 암모니아(ammonia) 형태로 배출하여 주위의 물속으로 확산시킨다. 암모니아는 물에 잘 녹기 때문에 주위 환경에 문제를 일으키지 않는다. 암모니아는 체액의 pH를 높이고 막의 수송 기능을 저해하기 때문에 몸속에 축적되면 매우 위험하다.

포유류, 양서류, 연골어류는 간에서 암모니아를 독성이 적은 요소(尿素, urea)로 전환시킨 다음 콩팥을 통해 배설한다. 이때 요소는 물에 잘 녹으므로 소변 형태로 배설된다. 양서류는 많은 양의 희석된 오줌을 그들이 육상에 있을 때 물을 보존하는 기능을 하는 커다란 방광에 저장한다.

곤충류, 파충류, 조류는 소화관과 연결된 구멍을 통해 요산(尿酸, uric acid)을 배설한다. 요산은 독성이 거의 없고 물에 잘 녹지 않아 액체가 아닌 반고체 상태다. 조류가 물에 녹지 않는 요산으로 배출하는 것은 수분을 최대한 낭비하지 않기 위해서다. 하늘을 날기 위해 가벼운 체중을 유지해야 하는 조류가 오줌을 배출하기 위해 많은 물이 필요하다면 몸이 무거울 수밖에 없다. 그래서 몸에 적은 양의 수분을 갖고 배설물로도 물을 적게 내보내기 위한 것이다. 조류는 오줌을 저장하는 방광이 없으며 창자의 길이도 매우 짧다.

병아리의 부화 과정을 살펴보면 달걀 속의 배설물 형태가 '암모니아→요소→요산'의 형태로 변화되는 것을 볼 수 있다. 부화 과정이 진화와 관련된다고 보면 요산이 가장 진화된 배설물의 형태라는 것과 조류가 어류나 양서류와 같은 조상에서 진화되었다는 것을 알 수 있다. 암모니아로부터 요소나 요산을 만들기 위해서는 에너지가 필요하다. 요산은 고체 형태로 배설되기 때문에 동물은 요소보다 요산으로 배출할 때 더 많은 에너지를 소비한다. 하지만 체내의 수분을 보존할 수 있는 장점도 있다.

생.
각.
거.
리.

오르니틴 회로란 무엇인가?

단백질이나 핵산 등을 분해하는 과정에서 발생하는 유독성의 저분자 물질인 암모니아를 독성이 적은 고분자 물질인 요소로 합성하는 동화 작용이다. 간에서 진행되는 오르니틴 회로(ornithine cycle)는 '요소 회로'라고도 한다. 1분자의 암모니아가 요소를 생성할 때 2분자의 ATP 에너지가 사용되는 흡열 반응이다. 오르니틴 회로는 기본적으로 5단계의 반응으로 구성된다. 처음 2단계의 반응은 미토콘드리아에서, 그리고 나머지 단계의 반응은 세포질에서 일어난다. 첫 반응은 암모니아와 이산화탄소를 결합시켜서 카바밀인산을 만드는 과정이며, 다음 반응에서 카바밀인산은 오르니틴과 결합하여 시트룰린으로 전환된 후, 다음 단계들을 거쳐 마지막으로 4번째 반응의 산물인 아르기닌이 요소와 오르니틴으로 분해된다.

식물은 노폐물을 어떻게 처리할까?

식물도 물질대사를 하므로 노폐물이 생긴다. 식물에서는 유기산 외에 타닌(tannin)이나 알칼로이드 등이 노폐물에 해당된다. 동물처럼 배설기가 없는 식물은 세포에 들어 있는 액포에 노폐물을 축적했다가 잎이 떨어질 때 같이 버린다.

땀 냄새는 왜 나는 걸까?

우리 몸에는 약 300만 개의 땀샘이 있다. 땀샘은 에크린선과 아포크린선 두 종류가 있는데, 에크린선은 온몸에 퍼져 있고, 아포크린선은 겨드랑이, 배꼽 등 일부분에만 있다. 겨드랑이의 땀 냄새는 아포크린선 주변에 사는 미생물이 땀 속 무기물을 먹고 분해한 결과 생기는 물질 때문이다. 땀 냄새는 땀 자체의 냄새가 아닌 미생물이 만드는 것이다. 발 냄새는 에크린선에 의해 피부의 케라틴이 물렁해져 그곳에 미생물이 증식해서 나는 것이다.

큰 물고기가 산호초를 먹여 살린다고?

커다란 물고기의 배설물이 산호초가 살아가는 데 꼭 필요하다는 연구 결과가 나왔다. 미국 워싱턴 대학 알제이어 교수 팀은 대서양과 멕시코 만에 접한 카리브 해 산호초 지대에서 살고 있는 물고기 종을 조사하고, 그곳 바닷물의 인과 질소의 농도를 측정했다. 연구 팀은 이미 4년 전에 물고기가 오줌으로 내보내는 인과 아가미로 내보내는 질소가 산호초가 자라는 데 핵심 영양소라는 사실을 밝혔다. 즉, 물고기 종과 인, 질소의 농도 간의 관계를 알면 어떤 물고기 종이 산호초가 살아가는 데 도움을 주는지 알 수 있다.

연구 팀은 어업 활동이 가장 활발한 곳부터 보호구역까지 조사했다. 그 결과 어느 구역이든 물고기 종의 수는 비슷했다. 하지만 어업 활동이 활발한 곳에서는 몸집이 큰 물고기 종이 적었고, 인과 질소의 농도가 보호구역의 절반밖에 되지 않았다. 연구 팀은 몸집이 큰 물고기가 인이나 질소를 더 많이 배출하기 때문인지 실험으로 확인했다. 물고기를 크기에 따라 수조에 30분 동안 넣었다가 뺀 뒤 물속의 인과 질소의 양을 쟀다. 그 결과 물고기들은 몸집에 비례하는 양만큼 질소를 내보냈다. 몸집이 큰 육식성 물고기일수록 인을 더 많이 배출했다. 알제이어 교수는 "큰 물고기를 잡는 지금의 어업 활동은 바다 생태계에 꼭 필요한 영양소를 없애는 셈"이라고 주장했다.

뇌

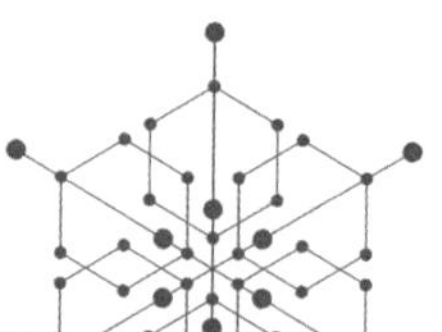

정의 두개골 속에 들어 있는 뇌(腦, brain)는 신경 세포가 집합하여 온몸의 신경을 지배하는 기관으로, 중추 신경계의 대부분을 차지한다.

해설 사람의 신경계는 중추신경계(中樞神經系, central nervous system)와 말초신경계(末梢神經系, peripheral nervous system)로 이루어져 있다. 중추신경계는 수많은 뉴런이 집결되어 있어 정보 전달의 중심이며, 수용한 자극을 종합 · 분석하여 판단하고 그에 대한 반응을 명령한다. 중추신경계는 두개골(머리뼈)에 싸여 있는 '뇌'와 척추뼈로 둘러싸여 있는 '척수'로 이루어져 있다.
뇌는 몸무게의 2% 정도를 차지하지만 평상시 전체 산소 소모량의 20%를 소비하고, 심장에서 나오는 혈액의 20%가 흐른다. 뇌는 중추신경계 중에서도 그 기능이 매우 발달된 부위로 물질대사가 매우 활발하다. 이러한 뇌는 대뇌, 소뇌, 간뇌, 뇌줄기로 구분된다.

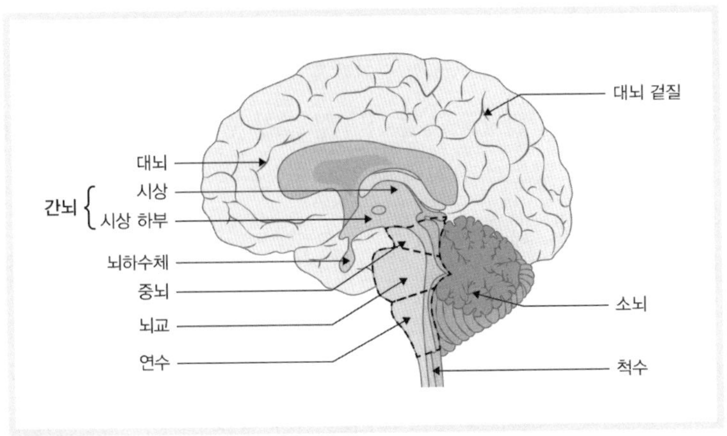

| 중추신경계

대뇌(大腦, cerebrum)는 좌우 2개의 반구로 나뉘어 있으며, 표면에는 주름이 많아 표면적이 매우 넓다. 대뇌의 바깥쪽을 싸고 있는 겉질은 신경세포체가 모여 있는 회색질이고, 속질은 신경섬유가 모여 있는 백색질이다. 정보의 기억, 추리, 판단, 언어, 감정 등 정신활동 등 대뇌 기능의 대부분은 겉질에서 담당한다.

대뇌 겉질은 전두엽, 측두엽, 두정엽, 후두엽 4개의 엽으로 구분되며, 각 엽 내에서 기능별로 감각령, 연합령, 운동령으로 구분된다.

감각령은 감각기로부터 자극을 받아들이고, 연합령은 감각령에 들어온 정보를 종합·분석·판단하여 명령을 내리며, 운동령은 수의 운동과 골격근의 활동을 조절한다.

소뇌(小腦, cerebellum)는 대뇌의 뒤쪽 아래에 있으며 대뇌처럼 좌우 2개의 반구로 나뉜다. 대뇌와 함께 골격근을 조절하여 수의 운동을 조절하고, 몸의 자세와 균형을 유지시킨다.

간뇌(間腦, diencephalon)는 대뇌 반구와 중뇌 사이에 있으며(사이뇌), 시상과 시상 하부로 이루어져 있다.

시상(視床)은 감각기관으로부터 들어오는 정보를 대뇌의 적절한 중추로 선별하여 전달하는 중개소 역할을 담당한다. 시상 하부(視床下部)는 체온 조절, 혈당량 조절, 삼투압 조절 등 자율신경계의 조절 중추로 체내의 항상성 유지에 중요한 역할을 담당한다. 시상 하부 아래쪽에는 다른 내분비샘의 기능을 조절하는 뇌하수체가 달려 있다. 뇌의 가장 아랫부분에 위치한 뇌줄기(brain stem)는 뇌간(腦幹)이라고도 하며, 중뇌(中腦, mesencephalon), 뇌교(腦橋, pons), 연수(延髓, medulla oblongata)로 구성되어 있다. 이 부위에는 호흡 및 심장 활동, 소화 기능 조절 등 생명 유지를 위한 모든 신경이 모여 있다. 가장 작은 뇌인 중뇌는 간뇌와 뇌교 사이에 있으면서 자극의 전달 통로로, 소뇌와 함께 몸의 균형을 유지하고 안구 운동과 홍채 운동의 조절 중추다.

뇌교는 교뇌라고도 하는데, 중뇌와 연수 사이에 있고 신경섬유가 많아 부피가 커져 앞쪽으로 돌출되어 있다. 뇌교는 소뇌와 대뇌 사이의 정보 전달을 중계하는 다리와 같은 역할을 담당한다. 호흡조절중추가 있어 호흡에 관여한다.

연수는 척수 바로 위쪽에 있으며, 뇌와 척수 사이를 연결하는 신경이 이곳에서 교차된다. 따라서 대뇌의 좌반구는 몸의 오른쪽을, 우반구는 몸의 왼쪽을 지배한다. 연수는 심장박동, 호흡운동, 소화운동과 소화액 분비, 혈압 등의 조절 중추이며 구토, 기침, 재채기, 딸꾹질, 하품, 침 분비, 눈물 분비 등의 반사중추다.

생.
각.
거.
리.

전신마취를 하면 기억력이 정말 나빠질까?

전신마취 수술을 받고 난 뒤부터 기억력이 떨어졌다고 느끼는 사람이 많다. 그러나 전신마취가 기억력을 떨어뜨린다는 의학상의 근거는 희박하다. 일부 동물 실험에서는 어느 정도 연관성이 입증됐지만 사람은 수술 환경, 스트레스, 질환으로 인한 통증 등 다른 변수가 많기 때문이다.

다만 미성숙한 뇌를 가진 2세 이하의 영유아는 인지력 장애나 주의력결핍과잉행동장애(ADHD) 증세를 보일 수 있다. 나이가 많은 노인의 경우 알츠하이머를 비롯한 치매 증세가 나타나기도 한다. 모든 종류의 마취제에는 신경계 독성이 있어서 환자의 나이가 어릴수록, 전신마취가 반복될수록, 또 수술 시간이 길어질수록 뇌신경에 미치는 영향이 커질 가능성이 있다. 그러나 성인은 크게 문제되지 않는다. 수술 직후 일시적인 인지 기능 저하가 있을 수 있지만 마취 약물이 다 빠져나가면 2~3일 후 정상으로 돌아온다.

전신마취를 하면 신체 기능적으로는 뇌사 혹은 식물인간 이전 단계와 비슷하다. 전신마취 시 대개 원활한 수술 진행을 위해 근육이완제를 함께 쓰는데 그 과정에서 폐를 비롯한 호흡기 관련 근육들이 풀어져 자가호흡이 불가능하고 인공호흡을 해야 한다.

혼수, 뇌사, 식물인간은 어떻게 다를까?

혼수(昏睡)는 코마(coma)라고 하며, 의식을 잃고 인사불성이 되는 일이다. 의식장애 중 가장 심한 것으로, 부르거나 뒤흔들어 깨우는 등의 외부의 자극에도 전혀 반응이 없고 반사작용도 거의 없다. 보통 완전한 각성상태가 아닌 경우를 통칭해 혼수상태(昏睡狀態)

라고 한다. 혼수상태에서는 혼수를 일으킨 원인 질환의 교정 가능 여부에 따라 정상으로 회복할 수도, 뇌에 비가역적인 손상이 가해져 장애가 남을 수도, 식물인간 또는 뇌사로 이어질 수도 있다. 대뇌와 뇌줄기를 포함한 모든 뇌의 기능이 상실된 경우를 '뇌사', 뇌줄기는 정상적으로 기능하나 대뇌가 그 기능을 상실한 경우를 '식물인간'이라고 한다.

구 분	뇌사	식물인간
손상 부위	뇌줄기를 포함한 뇌 전체	대뇌의 일부
정신 상태	심한 혼수상태	무의식 상태
기능 장애	심장박동 외 모든 기능 정지	기억, 사고, 운동, 감각 등 대뇌 장애
운동 능력	움직임 불가능	목적 없는 약간의 움직임 가능
호흡 상태	자발적 호흡 불가능	자발적 호흡 가능
소화, 순환, 혈압 조절	불가능	가능
경과 내용	필연적 호흡 중지로 인한 사망	수개월~수년 후 회복 가능성
장기 기증	가능	불가능

뇌사자는 사고 기능을 포함한 모든 뇌 기능이 정지됐기 때문에 아무런 반응을 보일 수 없다. 뇌사의 경우 인공호흡기나 생명 유지 장치를 신속히 부착하면 일정 시간 동안 생명을 연장할 수 있지만 보통 7~14일 후에 심장이 멎어 사망한다. 뇌사를 일으키는 질환은 뇌경색, 뇌출혈, 뇌졸중, 중추신경계 감염 등이다. 식물인간은 뇌 손상이 심할 때 발생하지만 모든 뇌 기능이 정지된 것은 아닌 것이 뇌사와 다른 점이다. 대사 기능이 남아 있기 때문에 소화, 호흡, 순환, 혈압 등은 정상 상태를 유지하여 영양분을 주입하면 길게는 몇 년간 생명을 연장시킬 수 있다. 하지만 뇌 기능이 소실됐기 때문에 의미 있는 행동을 수행하거나 적절한 반응을 보이지는 못한다.

머리가 크면 지능도 높을까?

뇌의 무게는 남성이 1,350~1,450g, 여성이 1,200~1,250g으로 남성의 뇌가 여성의 뇌보다 무겁다.

그렇다면 머리 크기가 지능과 상관이 있을까? 오스트랄로피테쿠스의 뇌 용량은 380~450cc, 호모 하빌리스의 뇌 용량은 530~800cc, 호모 에렉투스의 뇌 용량은 900~1,100cc, 호모 사피엔스의 뇌 용량은 1,300~1,600cc였다. 인류 진화 과정에서 살펴보면 원시 인류에 비해 현생 인류의 평균 뇌 용량은 2~3배 커졌으므로 '뇌가 클수록 지능이 더 높을 것'이라고 생각하게 된다.

그러나 천재 과학자 아인슈타인의 뇌는 일반인보다 작았다. 두 명의 문학 천재, 즉 프랑스의 문학비평가 아나톨 프랑스의 뇌 용량(1,000cc)과 영국의 시인 조지 고든 바이런의 뇌 용량(2,230cc)은 크게 달랐다. 또 2004년 10월 인도네시아 플로레스 섬에서 발견된 '난쟁이 인간'의 화석(호모 플로레시엔시스)도 뇌가 클수록 지능이 높다는 생각에 반론을 제기한다. 난쟁이 인간의 뇌 용량은 두개골의 크기로 미루어 보아 400cc 정도로 추정된다. 하지만 주변에 정교한 화살촉과 돌칼이 함께 발견돼 지능은 호모 사피엔스 수준이었을 것으로 보인다.

그렇다면 무엇이 지능에 관여하는 것일까. 호모 플로레시엔시스를 연구한 과학자들은 '대뇌피질'에 주목했다. 대뇌피질은 대뇌 표면의 회백질로 이루어진 부분인데 화석의 주인공은 이 부분이 호모 사피엔스와 비슷했기 때문이다. 언어를 이해하는 영역으로 알려진 측두엽(대뇌피질 옆부분)이 크고 학습과 판단 등을 담당하는 전두엽(대뇌피질 앞부분)이 많이 접혀 있었다. 호모 플로레시엔시스의 뇌는 용량으로만 보면 침팬지의 뇌와 비슷했지만 지능은 훨씬 발달했다고 볼 수 있는 것이다.

대뇌피질 두께와 지능지수(IQ)에 관한 연구 결과도 있다. 미국 국립정신건강연구소가 어린이를 대상으로 대뇌피질의 발달 과정을 조사했다. 지능지수가 평균보다 높은 아이들은 7세 정도까지 대뇌피질이 매우 얇았고 12세가 되면서 급속도로 두꺼워지는 경향을 보였다. 반면 지능지수가 평균 정도인 아이들은 처음부터 대뇌피질이 두꺼운 편이었다. 얇은 대뇌피질이 두꺼워지는 과정에서 지능지수가 점차 발달한다는 것이다.

시상은 어떤 감각 자극이 모이는 부위인가?

시상은 후각을 제외한 모든 감각 자극이 모이는 부위이다. 시각, 청각, 피부 감각 등이 들어오면 시상에서는 이 정보를 통합해 대뇌의 적절한 부위로 보내준다. 이 과정에서 불필요한 자극은 차단하고 중요한 정보만 대뇌로 전달한다.

생쥐 제리는 고양이 톰을 왜 무서워하지 않을까?

만화영화 〈톰과 제리〉에 보면, 제리는 생쥐 주제에 고양이 톰을 전혀 무서워하지 않고 오히려 골려먹는다. 왜 그렇게 되었을까? 제리는 뇌 편도체에 이상이 생긴 쥐일 수도 있다. 편도체는 공포 자극을 공포 반응으로 연결하는 역할을 하기 때문에 쥐의 편도체에 이상이 생기면 고양이를 무서워하지 않기 때문이다.

다운증후군

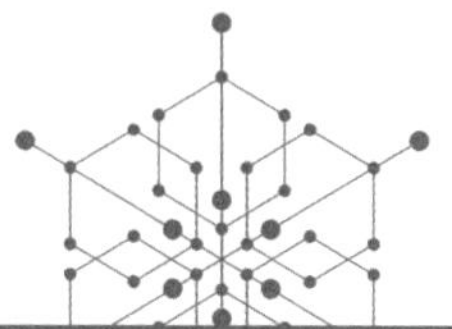

정의 다운증후군(down syndrome)은 사람의 21번 염색체가 3개일 때 나타나는 염색체 돌연변이를 말한다.

해설 염색체 돌연변이는 염색체의 구조 이상과 수 이상에 의해 나타난다. 다운증후군은 염색체의 수 이상으로 나타나는 유전병이고, 염색체의 수가 2n보다 한두 개 정도 많거나 모자라는 이수성 돌연변이 중 하나다. 이수성 돌연변이는 감수 분열이 일어나는 과정에서 염색체 비분리 현상에 의해 나타난다. 특히, 다운증후군은 21번 염색체가 3개로 체세포의 염색체 수가 47개이기 때문에 나타나는 질환인데, 이것은 부모 중 한쪽의 21번 염색체가 비분리된 결과에서 비롯된다.

다운증후군은 일반적으로 머리가 작고 얼굴이 넓고 편평하며, 눈꼬리가 위로 올라가 있고 양 눈 사이가 먼 편이며 키가 작은 공통적인 형태를 보인다. 또한 지능이 낮고 발음이 대체로 어눌하며 운동 능력

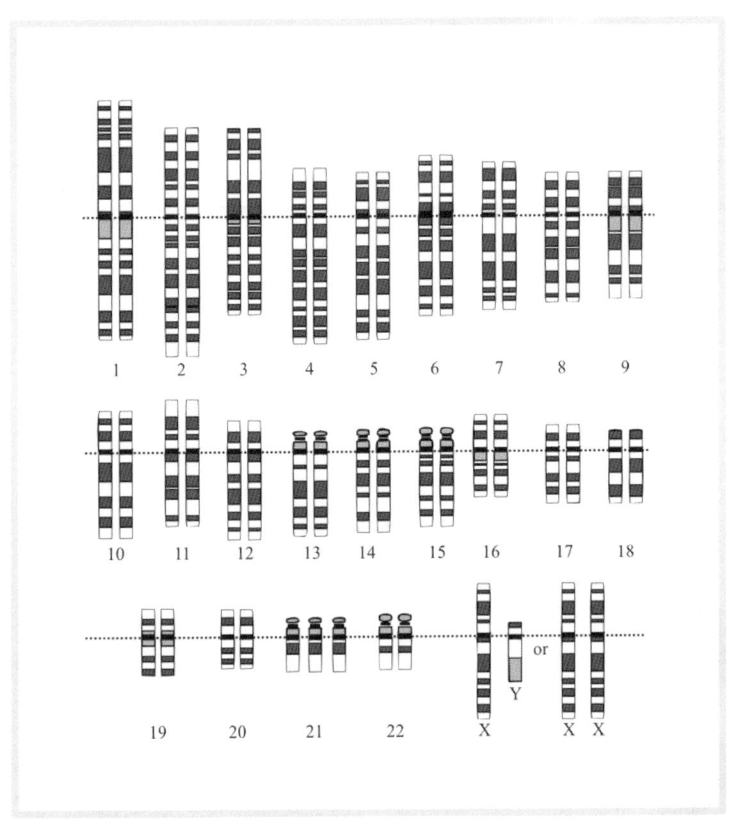

| 다운증후군인 사람의 염색체(21번 염색체가 3개)

이 정상인에 비해 떨어진다. 노화 현상이 빨리 와서 보통사람보다 수명이 짧으며 정신박약, 심장 기형, 호흡기 질환 등 의학상으로도 많은 이상을 동반한다.

이 유전병은 인종, 종족, 경제적 환경 등에 관계없이 출생아 800~1,000명 중 1명 꼴로 발생하며, 산모의 연령이 높을수록 발생 빈도는 높아진다.

다운증후군은 어떻게 진단할까?

다운증후군은 공통의 신체 증상을 보이기 때문에 95% 정도는 진단이 가능하다. 신체 및 임상 증상을 보고 확진이 어려울 때는 세포유전학적 검사를 통한 염색체 분석으로 확진할 수 있다. 임신 중 산모의 혈청 선별 검사에서 AFP, HCG, uE3 농도와 산모의 연령으로 다운증후군의 위험도를 알 수 있다. 검사에서 고위험군으로 나오거나 산모의 연령이 35세 이상인 경우는 양수나 융모막 채취를 통한 염색체 분석으로 확진한다. 다운증후군 아이를 출산한 과거력이 있는 산모는 다음 임신에서 다운증후군 아이를 출산할 가능성이 있다.

다운증후군 환자는 왜 뇌 기능이 저하될까?

중앙대 생명과학과 강효정 교수 팀이 예일대 연구 팀과 공동연구를 통해 다운증후군 환자의 인지 기능 저하 과정을 구체적으로 밝혀냈다. 연구 팀은 사망한 다운증후군 환자의 뇌 조직에서 전장전사체(발현된 총 RNA)를 추출해 유전자 발현 네트워크를 일반인의 뇌 발달 과정과 비교 · 분석했다. 그 결과 다운증후군 환자의 경우 신경아교세포의 일종인 희소돌기 아교세포의 분화가 정상인에 비해 늦고, 그로 인해 '미엘린'이 충분히 형성되지 않은 것으로 확인됐다. 미엘린은 뇌 신경세포를 둘러싼 백색 지방질 물질로, 신경세포를 통해 전달되는 전기신호를 보호해 정보를 전달하는 역할을 한다. 연구 팀은 "뇌 인지 발달 장애가 뇌 백질의 기능과 관련이 있다는 사실은 알려졌지만 구체적인 과정은 그동안 규명되지 않았다"며 "뇌 인지 발달 장애 연구와 치료에 중요한 단서를 제공했다는 점에서 의의가 있다"고 밝혔다.

다운증후군을 치료할 수 있을까?

다운증후군을 초래하는 단백질의 역할을 UNIST(울산과기대) 연구진이 규명했다. 또 지적장애를 일으키는 가장 흔한 유전적 질병인 취약 X-염색체 증후군이 다운증후군과 같은 분자 생화학적 경로를 통해 발생한다는 사실을 밝혀냈다. 이에 따라 이들 장애를 일으키는 유전자를 제어하면 다운증후군, 알츠하이머, 자폐 등 여러 지적장애 증상의 치료가 가능할 것으로 보인다.

UNIST 나노생명화학공학부 민경태 교수 연구진은 다운증후군의 지적장애를 유발하는 대표적인 유전자인 DSCR1이 쥐의 뇌 신경세포의 수상돌기 가시에 존재한다는 사실을 확인했다고 밝혔다. 이어 DSCR1 유전자가 수상돌기 가시의 모양과 숫자를 조절하는 것을 밝혀냈다. DSCR1은 염색체 21번에 존재하는 것으로 다운증후군을 일으키는 중심 역할을 하는 유전자다. 다운증후군 환자는 수상돌기 가시가 정상인보다 훨씬 크고, 취약 X-염색체 증후군 환자는 수상돌기 가시의 숫자가 정상인보다 많다고 연구진은 설명했다. 이 때문에 DSCR1 유전자를 제어해 수상돌기 가시의 모양과 숫자를 조작하면 비정상적인 수상돌기 가시의 구조를 정상인처럼 되돌릴 가능성이 있다고 말했다.

연구진은 연구 과정에서 취약 X-염색체 증후군의 요인인 fmr1 유전자와 DSCR1 유전자가 서로 공동의 분자적, 생화학적 경로를 사용한다는 사실도 발견했다. fmr1은 취약 X-염색체 증후군의 요인으로 이 유전자에서 생산되는 FMRP 단백질이 모자라면 취약 X-염색체 증후군이 생긴다. 민 교수는 "지적장애는 완전히 회복될 수 없는 정신 질환이라고 여겨지고 있다"며 "그러나 지적장애에 대한 분자, 세포학적 메커니즘에 대한 이해는 이들 장애를 치료할 방법을 개발하는 단초를 제공할 수 있을 것"이라고 기대했다. 다운증후군 치료에 대한 연구는 계속 진행 중이지만 아직 근본적인 치료법은 없다. 그러나 신체 및 발달장애의 교정을 통해 아이의 발달을 도와주고 평균수명을 연장시킬 수 있다. 발생할 수 있는 개별 증상에 대한 특수 교육, 예방 및 치료가 필요하며 이것을 위해 특수교육 담당자와 의학 전문가의 협력이 필요하다. 의료기술의 발달로 다운증후군 환자의 대다수가 55세 이상 생존한다. 부모의 사랑과 지지, 교육의 기회 및 적절한 의학적 치료가 제공된다면 다운증후군 아동들도 사회에서 독립적이고 책임감 있는 사회인으로 적응할 수 있다.

단백질

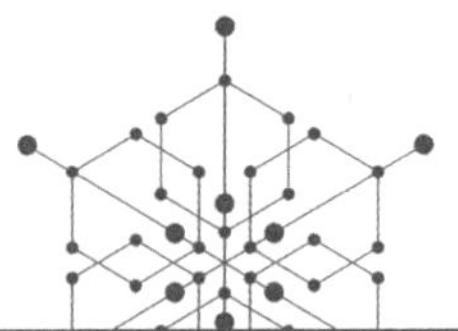

정의 단백질(蛋白質, protein)은 세포의 원형질을 구성하며 아미노산으로 연결된 고분자 유기 물질이다.

해설 단백질은 탄소(C), 산소(O), 수소(H), 질소(N) 및 황(S)을 함유하는 20여 종의 아미노산(amino acid)이 펩티드 결합으로 연결되어 구성된 화합물이다. 펩티드 결합(peptide bond)이란 일종의 탈수 축합 중합 반응으로 한 아미노산의 아미노기($-NH_2$)와 다른 아미노산의 카복시기(-COOH) 사이에서 물이 한 분자 빠져나오면서 일어나는 결합을 말한다. 이러한 펩티드 결합을 통해 아미노산이 여러 개 연결된 아미노산 사슬을 폴리펩티드(polypeptide)라고 하며, 이 폴리펩티드가 접히거나 꼬인 것이 여러 개 엉켜 덩어리를 이룬 형태가 바로 단백질이 된다.

단백질을 구성하는 기본 단위인 아미노산은 탄소 원자에 아미노기인 $-NH_2$, 카복시기인, 수소 원자인 H가 작용기인 R과 결합된 기본 구조를 갖고 있다. 이 작용기 R에 따라 아미노산의 종류가 결정되는데, R의 종류에는 20여 가지가 있다. 20여 종류의 아미노산이 어떤 순서로 배열되느냐에 따라 서로 다른 단백질을 만든다. 대부분의 단백질은 100개 이상의 아미노산으로 이루어져 있다.

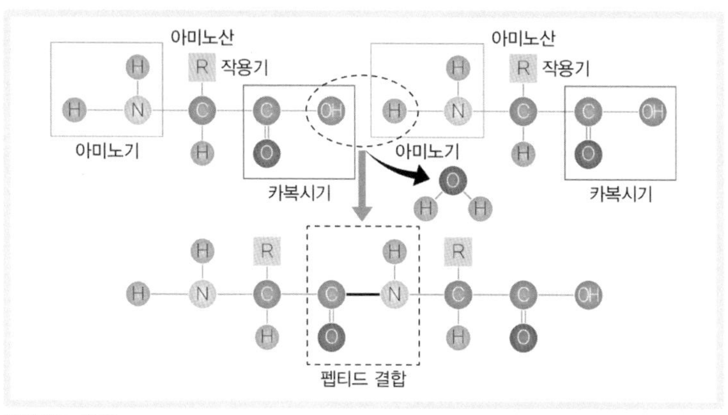

| 펩티드 결합

물 다음으로 생물체에 많은 성분인 단백질은 세포의 원형질을 구성하는 주요 물질로 모든 세포에 존재하며, 신체 조직의 성장과 유지 등 생명 현상과 밀접한 관련을 가진다. 우리 몸에 있는 단백질 종류는 약 10만 가지에 이른다. 운동을 담당하는 근육 조직과 머리카락, 손톱, 발톱, 뼈 등 몸을 지지하는 구조물, 외부의 병원균에 대항하는 항체, 각종 화학 반응의 촉매 역할을 하는 효소, 생리작용을 조절하는 호르몬 등은 단백질로 구성되어 있는 대표적인 예다. 이와 같이 단백질은 생물체를 구성하는 주성분일 뿐만 아니라 여러 가지 중요한 역할을 수행한다.

단백질은 생물에서 에너지원으로 이용되지만 탄수화물이나 지방이 있을 경우에는 에너지원으로 거의 이용되지 않는다.

생.각.거.리.

손톱 색깔이 희면 건강이 안 좋은 것일까?

케라틴으로 구성되어 있는 손톱은 피부의 연장으로 표피가 변한 것이다. 손톱은 몸의 건강 신호등이다. 손톱 색깔이 불그스레하고 주름이나 무늬가 별로 없고 끝이 갈라지지 않아야 건강한 것이다. 손톱이 흰색이면 빈혈, 신장병, 당뇨병이 있다는 신호이며, 청자색이면 심장에 이상이 있다는 신호다. 손톱이 갈리지는 증상은 빈혈이 있다는 신호며, 손톱에 세로 주름이 많으면 동맥경화가 있다는 신호다. 손톱으로 자신의 건강을 진단하는 가장 간단한 방법은, 손톱 표면을 꾹 눌러 보면 알 수 있다. 누른 후 하얗게 된 피부가 곧바로 평소의 붉은 빛으로 돌아오지 않거나, 돌아오는 속도가 느리면 느릴수록 건강이 좋지 않은 경우가 많다.

채식가는 단백질을 어떻게 섭취할까?

육류는 고급 단백질 공급의 원천이며, 동시에 칼슘 · 철 · 아연 등의 원소도 공급한다. 그에 비해 식물성 단백질은 값은 싸지만 고급 단백질을 공급하지 못하며 그 대신 섬유질을 제공한다.

필수 아미노산 중 하나인 트립토판은 옥수수에는 없지만 대추에는 들어 있고, 리신은 시리얼 속에는 없지만 우유에는 듬뿍 들어 있다. 따라서 채식가는 여러 가지 단백질 공급원을 잘 섞어 먹어야 필수 아미노산을 골고루 섭취할 수 있다.

참고로, 육류를 과잉섭취하면 아미노산 대사 생성물인 질소 화합물이 너무 많이 생성되어 요독증에 걸릴 수 있다. 요독증(尿毒症, uremia)은 신장(콩팥)의 기능이 감소하면서 체내에 쌓인 노폐물이 배설되지 못해 나타나는 질환으로, 두통 · 구토 및 어지럼증 증상을 보인다.

갈수록 식단이 육류 위주로 바뀌어 육류 섭취가 과다한 것은 사실이다. 그래서 최근에는 채식 위주의 식단을 권한다. 하지만 이 채식 위주 식단에도 반드시 동물성 단백질이 포함돼야 한다. 비타민D나 비타민B12처럼 육류에서만 얻을 수 있는 필수 영양소를 획득해야 하기 때문이다. 특히 성장기에 있는 어린이와 청소년은 신체 조직의 구성 성분인 단백질을 충분히 섭취해야 한다. 이때 동물성과 식물성 단백질을 골고루 섭취하는 것이 이상적이다.

단백질은 어떤 구조일까?

단백질의 구조는 단백질의 기능을 결정한다. 모든 단백질이 갖는 고유한 구조는 그 단백질을 구성하는 아미노산의 배열에 따라 결정된다. 단백질의 구조는 1~4차 구조로 구분할 수 있다. 1차 구조(선 구조)는 아미노산과 아미노산 사이의 펩티드 결합으로 이루어진 선 구조로 아미노산의 종류와 배열 순서에 따라 단백질의 종류가 달라진다.

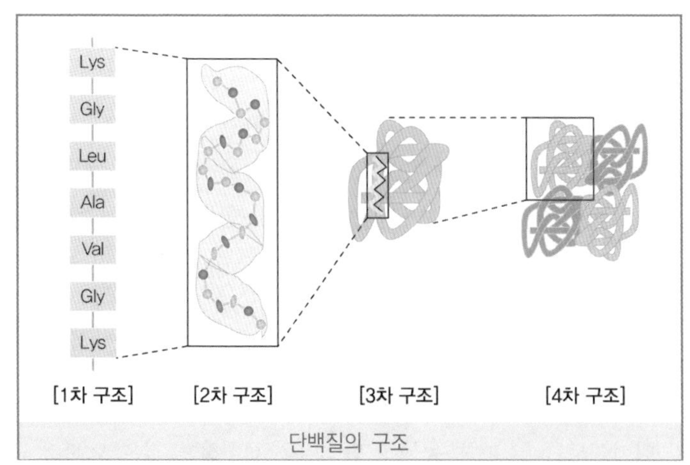

단백질의 구조

2차 구조(면 구조)는 1차 구조가 꼬인 모양(α 나선 구조)이나 꺾인 모양(β 병풍 구조)으로 형성된다. 3차 구조(입체 구조)는 여러 화학적 결합에 의해 폴리펩티드 사슬 사이에 복잡한 입체 구조가 형성된다. 4차 구조(집합체)는 3차 구조의 폴리펩티드 사슬이 2개 이상 모여 소수성 결합이나 수소 결합 등에 의해 복합되어 있는 하나의 집합체다.

또 단백질은 구성 성분에 따라 단순단백질과 복합단백질로 나뉜다. 단순단백질은 아미노산만으로 이루어졌고, 복합단백질은 아미노산뿐 아니라 탄수화물, 지질, 핵산, 금속 등의 비(非)아미노산 보결분자단(補缺分子團)도 포함하고 있다. 복합단백질 중에서 가장 잘 알려진 것이 헤모글로빈이다. 헤모글로빈은 분자 1개가 4개의 보결분자단을 가지고 있으며, 각 분자단은 철과 포르피린 색소로 이루어져 있다. 이 보결분자단은 헤모글로빈이 산소를 운반하는 데 중요한 작용을 한다.

그렇다면 단백질의 구조에 영향을 주는 요인에는 어떤 것이 있을까?

온도와 pH의 변화가 단백질의 구조에 영향을 미친다. 온도가 높아지면 단백질의 구조를 유지하는 결합들이 깨어지며, pH의 변화도 단백질을 구성하고 있는 분자의 이온 구조에 급격한 변화를 일으켜 결합이 깨진다. 결합이 깨지면 단백질이 원래 가지고 있던 특성을 잃고 원래 상태로 돌아가지 못하는 비가역적 현상[변성(變性)]이 발생한다.

육류는 다이어트에 안 좋을까?

다이어트를 할 때는 동물성 단백질을 섭취하는 것은 오히려 도움이 된다. 야식이나 간식 섭취, 음주보다는 단백질을 적절하게 섭취하지 않는 것이 다이어트의 가장 큰 실패 요인이라는 조사도 있다.

단백질은 기초 대사량을 높이고 근육의 손실을 막아 체지방을 효과적으로 감량시키는 역할을 한다. 단백질을 많이 섭취하면 입맛을 돋우는 뇌 부위의 활동이 저하되기 때문에 음식량을 줄이는 데에도 도움이 된다. 또한 단백질의 공급이 부족하면 인간은 환경으로부터 오는 심리적 스트레스에 저항력이 급격히 떨어진다. 매사 의욕과 지구력이 없어지고 우울증, 심할 경우 삶의 의지까지 상실하기도 한다.

당뇨병

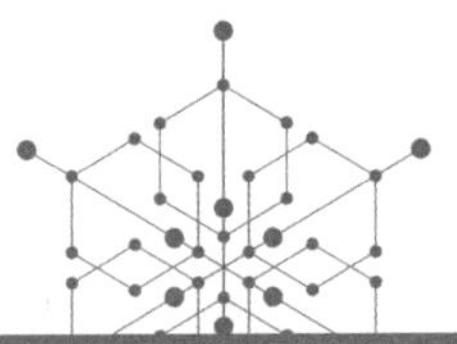

정의 당뇨병(糖尿病, diabetes mellitus)은 인슐린이 정상적으로 분비되지 않거나 세포가 인슐린의 신호를 제대로 인지하지 못해 혈당량이 증가하여 오줌에 당이 섞여 나오는 질환이다.

해설 오줌에 당이 섞여 나온다고 해서 이름 지어진 당뇨병은 혈액 속의 포도당이 비정상적으로 높은 상태가 지속되는 병이다. 포도당은 탄수화물을 이루는 기본 성분으로, 우리 몸에서 에너지원으로 쓰이는 가장 대표적인 물질이다. 탄수화물의 소화 과정을 거쳐 혈액으로 흡수된 포도당이 우리 몸의 세포에게 이용되기 위해서는 인슐린(insulin)이라는 호르몬이 필요하다. 인슐린은 췌장(이자)의 랑게르한스섬(Langerhans islets, 이자섬)이라는 조직에서 분비되어 식사 후 올라간 혈당을 낮추는 기능을 한다. 즉, 인슐린은 혈액 속의 당이 세포 안으로 이동되는 것을 촉진하고, 그러고도 남은 포도당은 간에서 글리코겐으로 전환하여 저장시킨다. 이때 인슐린이 분비되지 않거나, 분비되더라도 우리 몸에서 인슐린을 이용하는 기능에 문제가 있을 때 당뇨병이 나타난다. 당뇨병의 증상은 목마름, 배고픔, 소변 양과 소변 횟수의 증가, 체중 감소, 허약 등이다.

당뇨병은 그 원인에 따라 제1형 당뇨병와 제2형 당뇨병으로 구분한다.

❶ 제1형 당뇨병은 자가 면역 질환의 일종으로, 인슐린을 생성하는 이자의 β세포가 파괴되어 인슐린이 잘 생기지 않아 나타난다. 인슐린이 분비되지 않기 때문에 하루에 2~4회 주사를 통해 인슐린을 공급해주어야 하므로 인슐린 의존형 당뇨병(IDDM: insulin-dependent diabetes mellitus)이라고 한다. 제1형 당뇨병은 전체 당뇨 환자 중 5~10%를 차지하며 주로 소아나 청소년에게 발병하는 특징이 있어 '소아 당뇨'라고도 불린다. 물론 성인에게도 생길 수 있다. 면역계가 왜 이자의 β세포를 공격하는지 밝혀지지 않았으나, 바이러스 감염이나 음식에 의한 유발 가능성이 제기되고 있다.

❷ 제2형 당뇨병은 이자에서 인슐린은 정상적으로 분비되는데, 인슐린의 표적 세포인 근육 세포나 간세포의 인슐린 수용체에 이상이 생겨 인슐린을 흡수하지 못해서 발생하므로 인슐린 비의존성 당뇨병(NIDDM: non-insulin-dependent diabetes mellitus)이라고 한다. 제2형 당뇨병은 우리나라 당뇨병의 대부분(90% 이상)을 차지하는데 주로 40세 이후에 발생해서 '성인형 당뇨병'라고도 불린다. 물론 어느 나이에서나 발생할 수 있다. 세포가 인슐린에 효과적으로 반응하지 않는 인슐린 저항성으로 인해 나타나는 제2형 당뇨병 환자들은 대부분 비만을 갖고 있으며 심장질환, 뇌졸중의

발생 위험이 높다. 따라서 적절한 식이요법과 운동을 통해 체중을 관리해야 한다.

한편, 임신 중에 생긴 당 조절 이상으로 발병하는 임신성 당뇨병은 대부분은 출산 후에 사라진다. 하지만 임신 중 혈당 조절을 잘 하지 못하면 태아가 사망하거나 선천성 기형이 될 비율이 높아지므로 주의가 필요하다.

당뇨병의 대표적인 3대 증상으로 다음(多飮, 많이 마심), 다식(多食, 많이 먹음), 다뇨(多尿, 잦은 배뇨)가 있다. 인슐린 이상으로 포도당이 빠져나가면서 다량의 물을 끌고 나가기 때문에 당뇨병이 생기면 소변을 많이 보게 되고, 이로 인해 수분 부족으로 갈증이 심해져 물을 많이 마시게 된다. 또한 에너지원인 탄수화물이 몸 밖으로 빠져나감에 따라 에너지원의 소실로 인한 배고픔 현상이 심해져 점점 더 음식물을 먹고 싶어지게 된다.

생.
각.
거.
리.

낮잠이 당뇨병과 친하다고?

도쿄 대학 연구진에 따르면, 긴 낮잠과 당뇨의 발병 위험률 사이에 과학적인 상관관계가 있다는데, 매일 한 시간 이상 낮잠을 자는 사람은 제2형 당뇨병 발병률이 그렇지 않은 사람보다 45% 더 높다는 것이다. 연구진은 기존 과학 문헌을 조사하는 메타 분석을 통해 이 사실을 확인했다. 21개의 논문에 나타난 세계 각국의 아시아 및 유럽 출신의 30만 명 이상의 사람들을 조사한 것이다. 그 결과, 낮잠을 하루 한 시간 이상 자는 사람에게서 당뇨의 발병 위험률이 증가하는 것을 확인했다. 반면 하루 40분 이하로 낮잠을 자는 사람은 당뇨병 위험에 영향이 없는 것으로 나타났다. 여러 연구 결과를 통해 이미 밝혀진 바에 따르면, 하루 30분 이하의 낮잠은 건강에 도움이 된다고 한다. 하지만 반대로 낮잠을 청했다가 한 시간이 넘어가며 깊은 잠, 즉 서파수면(徐波睡眠, slow-wave sleep)에 들어갔는데 끝까지 그 수면주기를 다 채우지 못하고 깰 경우, 오히려 낮잠을 자기 전보다 더 상태가 안 좋은, 비몽사몽 상태가 될 수 있다. 그러면 야간수면에도 영향을 미칠 수 있으며 그로 인한 수면장애가 발생하면 다음날 낮에 또 졸리게 되는 악순환이 반복된다. 결국 이 같은 상태의 반복은 뇌졸중 및 심혈관질환 등의 발병률을 높이고, 이는 모두 제2형 당뇨병과 같은 위험인자를 공유한다고 연구진은 밝혔다.

한편 이번 연구에 참여하지 않은 전문가들은 긴 낮잠과 당뇨병의 인과에 대한 통계학적 상관관계는 아무것도 나타난 것이 없다는 점을 지적하며, 아직 학계에서 검증된 것도 아니라고 덧붙였다. 또한 옥스퍼드 대학의 케언즈 박사는 그들이 병에 걸렸기 때문에 낮잠이 증가한 것일 수도 있다고 말했다.

당뇨병으로 진단되는 혈당치는 얼마일까?

공복 혈당(8시간 이상 음식을 섭취하지 않은 상태의 혈당)이 126 이상, 식후 2시간 이후 혈당이 200 이상일 경우 당뇨병으로 진단된다. 대한당뇨병학회에서 권장하는 혈당치는 다음과 같다.

혈당치(mg/dL)

시간	정상	당뇨 전 단계	당뇨 관리 필요
공복	99 이하	100~125	126 이상
식후 1시간	180 이하	200 이상	200 이상
식후 2시간	140 이하	140~199	200 이상

당뇨병 치료, 어디까지 왔을까?

당뇨병 치료는 1869년 독일 의사 파울 랑게르한스가 췌장에서 섬 세포를 발견하면서 시작되었다. 이 섬 세포는 '랑게르한스섬'이라고 불리게 되었다.

1889년 슈트라스부르크 대학의 요제프 폰 메링과 오스카 민코프스키는 개에서 췌장을 제거하자 갑자기 오줌 양이 많아지고 그 오줌에 파리 떼가 들끓는 것을 보았다. 두 과학자는 개의 오줌에 당분이 많다는 사실을 발견하고 췌장 내 세포들이 당분 조절을 담당한다는 사실을 알게 되었다. 그리고 오줌으로 당분이 빠져나가는 증상을 '췌장 당뇨'라고 명명했다.

이어 캐나다의 의사 프레더릭 밴팅은 인슐린 추출에 성공해 노벨 생리학상을 수상했다. 조그마한 제약회사 릴리 사는 1923년 소에서 인슐린을 추출해 의약품을 생산해 당뇨병 치료제 '바이에타'를 개발해 세계 굴지의 제약회사인 일라이 릴리 사의 밑거름이 되었다.

소에서 추출한 인슐린의 단백질 구조가 밝혀짐에 따라 1979년에는 인간의 인슐린을 유전공학적 방법으로 대장균에서 대량 생산하는 기술이 확립되어 인슐린 부족 사태는 해결되었다.

당뇨병은 왜 까다로운 병이라고 할까?

일단 당뇨 증상이 오면 체내에서 스스로 혈당 수치를 조절할 수 없어서 적절한 치료가 필요하다. 당뇨병은 제때 치료하지 않으면 사망으로 이어질 수 있는 아주 무서운 병이다.

당뇨병으로 인한 사망의 가장 큰 원인은 심혈관계 합병증(심장질환)이며, 다른 심각한 합병증으로는 망막에 변화를 일으켜 시력이 나빠지는 당뇨성 망막증(糖尿性網膜症, diabetic retinopathy), 신경 손상, 신장 질환, 빈번한 감염 등이 있다. 당뇨병 합병증은 한번 발생하면 치료가 복잡하고 병의 진행을 막는 것도 어렵다. 따라서 운동 · 식이 · 약물 요법 등을 이용해 치료 효과를 높여야 하며, 적당히 먹고 꾸준히 운동하여 정상적인 혈당량을 유지하는 습관이 중요하다.

돌연변이

정의 돌연변이(突然變異, mutation)는 유전자나 염색체의 변화에 의해 부모에게 없던 형질이 갑자기 자손에게 나타나는 현상이다.

해설 유전(遺傳, heredity)은 부모가 가진 특성이 자식에게 전해지는 현상을 말한다. 이러한 현상은 생물이 지닌 가장 기본적인 특징 중의 하나이며, 생물이 종족을 유지할 수 있도록 도와준다. 오스트리아의 유전학자 멘델(Gregor Johann Mendel)은 유전 현상의 원리들을 체계적으로 정립해 멘델의 유전 법칙을 만들어 유전학의 수학적 토대를 확립했다.

그러나 멘델 이후 여러 가지 유전 현상이 연구되면서 멘델의 법칙이 항상 완벽하게 적용되는 것은 아니라는 사실이 밝혀졌다. 그러한 현상 중의 하나로 부모에게 없던 형질이 갑자기 자손에게서 나타나는 '돌연변이'를 들 수 있다. 돌연변이는 유전자나 염색체의 이상에 의해 나타나며, 자손에게 유전될 수 있다.

네덜란드의 식물학자 더프리스(Hugo de Vries)는 달맞이꽃 교배 실험 과정에서 변이 형질을 많이 발견했으며, 그 형질이 자손에 전달되는 것을 관찰했다. 그는 이와 같은 변이의 형질을 정상과는 다른 형질을 갖는다는 의미에서 '돌연변이'라고 했다. 어떤 원인에 의해서 생식 세포에 돌연변이가 발생한다면 돌연변이 형질은 다음 세대로 유전될 수 있다.

사람에게 유전병은 대부분 돌연변이에 의해 나타난다. 돌연변이는 크게 유전자 돌연변이와 염색체 돌연변이로 구분한다. DNA의 염기서열에 변화가 생기면 유전자의 기능에 이상이 생겨 형질에 변화가 나타나는데 이를 '유전자 돌연변이'라고 한다.

유전자 돌연변이에 의한 유전병은 대개 열성 유전자에 의해 나타나지만, 우성 유전자에 의한 것도 있다.

상염색체에 있는 열성 유전자에 의한 유전병으로는 낫 모양 적혈구 빈혈증, 페닐케톤뇨증, 알비노증, 테이삭병 등이 있다. 헌팅턴 무도병, 연골 발육 부전증, 조로증, 다지증 등은 상염색체에 있는 우성 유전자에 의한 유전병이다.

X염색체에 있는 열성 유전자에 의한 돌연변이로는 적색과 녹색을 구분하지 못하는 적록 색맹, 혈액 응고 기능이 상실된 혈우병, 근육이 점진적으로 약해져 가는 근위축증이 있다.

'염색체 돌연변이'는 염색체 구조 이상과 염색체 수 이상에 의해 나타난다. 염색체 구조 이상에는 중복, 결실, 역위, 전좌가 있다. 중복은 염색체의 일부가 동일한 염색체 내에서 반복되는 것, 결실은 염색체의 일부가 사라진 것, 역위는 염색체 상의 유전자 위치가 바뀌는 것, 전좌는 염색체의 일부가 상동 염색체가 아닌 다른 염색체로 자리를 옮기는 것을 뜻한다.

이러한 염색체 구조 이상이 발생하면 심한 장애를 초래한다. 고양이울음증후군(묘성증후군), 윌리엄스증후군, 만성 골수백혈병 등이 사람의 염색체 구조 이상에서 비롯된 대표적인 유전병이다. 염색체 수 이상은 감수 분열 과정에서 염색체가 분리되지 않는 염색체 비분리 현상에 의해 나타난다.

염색체 수 이상에는 특정 염색체의 수가 많아지거나 적어지는 이수성 돌연변이와 염색체가 한 벌 단위로 변화하는 배수성 돌연변이가 있다. 다운증후군, 에드워드증후군, 터너증후군, 클라인펠터증후군 등이 이수성 돌연변이의 대표적 질환이며, 배수성 돌연변이는 염색체가 3n, 4n 등으로 나타나서 동물에서는 거의 존재하지 않는다.

생.각.거.리.

태아의 돌연변이를 진단할 수 있을까?

산모의 혈액 한 방울로 태아의 점돌연변이(point mutation) 유전 질환까지 진단할 수 있는 검사법이 개발돼 눈길을 끌고 있다. 산모의 혈액만으로 태아의 유전성 질환을 정확히 진단할 수 있다는 것이 이 검사법의 특징이다.

태아의 유전성 질환은 조기에 진단해야 제때에 치료할 수 있다. 조기검진에 흔히 사용되는 진단법은 융모막생검(chorionic villus sampling)과 양수천자(amniocentesis) 등이 있다. 이런 방법들은 태아 손상, 조기 양막 파수, 유산 등 부작용을 일으킬 수 있다. 이런 부작용 없이 산모의 말초 혈액만을 이용해 태아의 유전 질환을 예측할 수 있는 길이 열렸다. 융모막생검 등 산전 진단법은 주로 염색체 이상과 같은 심한 돌연변이의 진단에 국한돼 왔다.

분당서울대병원 연구팀은 이를 확대해 산모의 말초 혈액만을 이용해 태아의 점돌연변이 질환까지 진단할 수 있는 진단법을 내놓았다.

연구 팀은 산모의 혈액 속에 작은 양인데 태아의 DNA가 존재한다는 사실과 최신 초미세 DNA 증폭 분석 기술인 'Picodroplet Digital PCR' 기술을 접목했다. 산모에게서 채취한 말초 혈액에서 점돌연변이 질환인 유전성 난청을 태아가 가지고 있는지 여부를 안정적으로 확인할 수 있었다. 비교적 이른 시기인 임신 7주쯤부터 검사가 가능해 더 빠른 시기에 진단도 가능하다. Picodroplet Digital PCR 진단법은 기존 검사법보다 해상도가 월등히 높아 염색체 수 이상과 같은 큰 이상은 물론 유전자의 미세한 점돌연변이에 대한 정확한 진단도 가능하다.

돌연변이에 관한 다양한 궁금증들

❶ 돌연변이를 유발하는 원인은?

X선, 방사선, 자외선, 화학 약품, 탄 음식, 환경오염 물질, 스트레스, 식생활 등이 있다. 또한 이러한 외적인 요인 외에도 DNA가 복제될 때 생기는 오류 등 자연발생적으로 나타나기도 한다.

❷ 모든 변이는 유전될까?

같은 종이라도 각 개체의 표현형은 유전자 변화와 환경 변화 등 다양한 요인으로 달라질 수 있다. 다만, 동일한 유전자를 가진 개체가 후천적으로 환경 변화나 연령 등에 따라 변이가 생긴 경우(개체변이)에는 유전되지 않고, 염색체 수나 유전자 변화에 의해 나타나는 변이(돌연변이)만 자손에게 유전된다.

❸ 유전자/염색체 돌연변이의 다른 점은?

유전자 돌연변이는 DNA 염기 서열에 이상이 생긴 것으로, 사람의 생존에 치명적으로 작용하는 경우는 드물다. 그러나 염색체의 구조나 수 이상에 따른 돌연변이는 유전자의 결손이 크기 때문에 정상적으로 생장하지 못하거나 생존이 어려우며, 자손을 남기지 못하는 경우가 많다.

❹ 배수성 돌연변이는 동물과 식물에서 어떻게 다른가?

동물의 경우 배수성을 지닌 개체는 생존하기 어려워 배수체 동물은 거의 존재하지 않는다. 그러나 식물에서는 흔히 일어나는 현상으로 식물체나 열매, 꽃 등이 커지는 효과를 가져오기도 한다. 그래서 이러한 현상은 작물의 품종을 개량하는 데 이용된다. 예) 씨 없는 수박($3n$, 3배체), 밀($6n$, 6배체), 감자($4n$, 4배체), 토마토($4n$, 4배체)

면역 반응

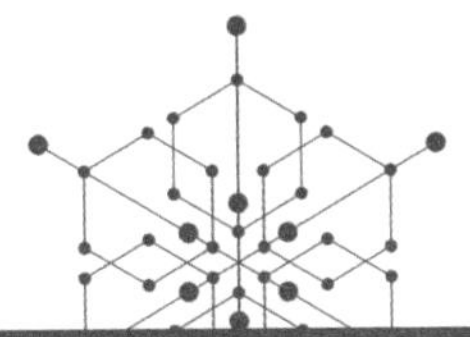

정의 면역 반응(免疫反應, immune response)은 인체에 침입하는 병원체나 이물질을 제거하여 몸을 보호하는 작용이다.

해설 인체는 수많은 병원체로 둘러싸여 있으며, 병원체로부터 끊임없이 공격을 받는다. 그러나 우리에게는 병원체의 침입을 막는 기능과 침입하더라도 이를 물리치는 방어 기능이 있어 병원체로부터 우리 몸을 보호할 수 있다. 인체의 이러한 방어 작용을 '면역(immunity, 免疫)'이라고 한다.

인체의 방어 작용(면역)은 크게 1차 방어 작용과 2차 방어 작용으로 구분한다. 1차 방어 작용은 태어날 때부터 누구나 타고나는 선천성 면역 반응이다. 선천성 면역 반응은 이전에 병원체의 침입 여부와 관계없이 감염 즉시 작동하고 병원체의 종류와 관계없이 병원체의 공통된 특성을 인식해 감지하여 동일한 방식으로 이루어지므로 '비특이적 방어 작용'이라고 한다. 1차 방어 수단이 무너지고 항원이 몸

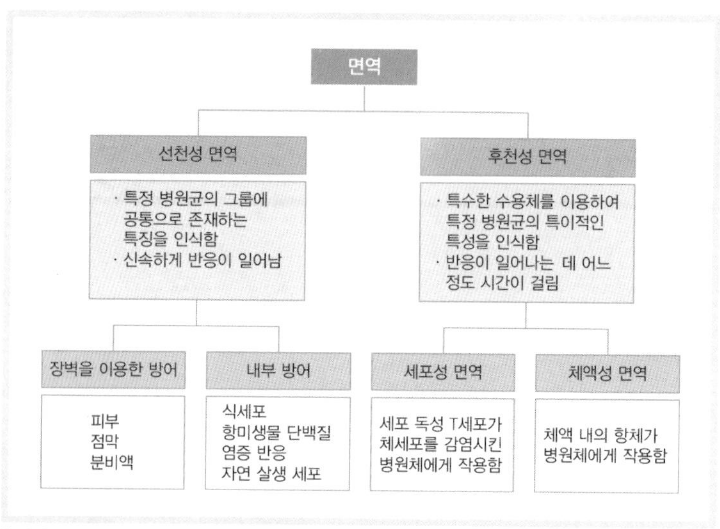

| 면역 체계

안으로 침투하면 조금은 느리지만 효과적인 2차 방어 작용이 작동한다. 2차 방어 작용은 후천적으로 획득되는 후천성 면역 반응이다. 후천적 면역 반응은 병원체의 특정 부위만을 인식하고 이에 따라 다르게 대응하기 때문에 '특이적 방어 작용'이라고 한다.

인체의 1차 방어에는 방어벽, 식세포 작용, 항미생물 단백질, 염증 반응, 자연 살생 세포(natural killer cell) 등이 있다. 피부나 점막은 병원체의 침입을 막는 물리적인 장벽의 역할뿐만 아니라 땀, 침, 눈물, 점액 등의 물질을 분비해 미생물의 침입을 막는다. 백혈구의 일종인 호중성 백혈구나 대식 세포는 병원체를 세포 내로 끌어들여 분해시키는 식세포 작용을 한다. 항미생물 단백질은 미생물을 죽이거나 증식을 방해하는 단백질로, 인터페론이 대표적이다. 염증 반응은 감염된 조직 부위에서 방출된 화학 물질에 의해 충혈, 부종, 통증, 열, 고름 등이 나타나는 반응이다. 자연 살생 세포는 병든 세포를 인식하여 제거해서 체내에 바이러스나 암세포가 퍼지는 것을 막아준다. 선천성 면역 반응으로 병원체의 침입을 막기가 불충분하면 2차 방어 작용인 후천성 면역 반응이 일어난다. 후천성 면역에서는 림프구의 수용체를 통해 병원체를 특이적으로 인식하고 이에 대응한다. 이러한 면역은 홍역처럼 오래 지속될 수도 있고 인플루엔자처럼 짧은 동안만 지속될 수도 있다. 후천성 면역 반응에는 T 림프구가 표적 세포를 찾아 파괴하는 과정인 세포성 면역과 B 림프구에 의해 혈액이나 림프를 통해 온몸을 순환하는 항체에 의한 체액성 면역이 있다.

생.각.거.리.

알레르기란?

알레르기(allergy)는 꽃가루나 동물의 털과 같이 보통 항원으로 작용하지 않는 물질이 인체에 들어왔을 때 체내에서 항원으로 인식하여 면역 반응을 일으키는 현상이다. 즉, 병원체가 아닌 물질이 체내에 들어왔을 때 이를 병원체로 인식하여 면역 반응을 일으키는 일종의 과민증(hypersensitivity)이다. 알레르기 반응을 일으키는 물질(알레르기 항원)을 알레르겐(allergen)이라고 하며, 꽃가루, 동물의 털뿐만 아니라 먼지, 음식물 속 특정 단백질, 집먼지 진드기, 특정 약물, 염색약, 복숭아 껍질, 새우 껍질 등 다양하다. 선진국에 사는 사람들 중 10~40%가 하나 이상의 항원에 대한 알레르기를 갖고 있다고 한다.

알레르기 반응은 비만 세포에 결합하고 있는 항체에 의해 일어난다. 알레르겐이 처음 체내로 들어오면 항체가 만들어져 비만 세포(mast cell)에 결합한다. 이후에 같은 항원에 다시 노출되면 항원은 항체의 항원 결합 부위에 결합하여 근처 항체들을 뭉치게

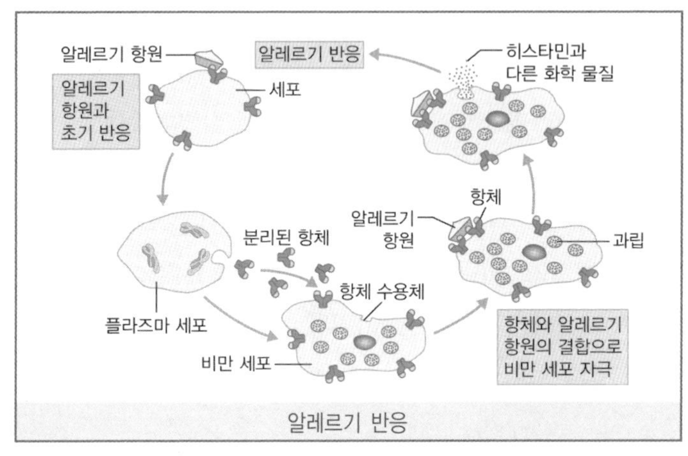

알레르기 반응

한다. 이처럼 항체들이 뭉치면 비만 세포에서는 히스타민, 헤파린과 같은 화학물질을 분비하여 혈관을 확장시키고 모세혈관에서의 물질 투과성을 증대시킨다. 또한 근육을 수축시키고 점액의 분비도 증가시킨다. 이런 결과로 두드러기, 가려움, 콧물, 재채기, 눈물, 호흡곤란 등의 전형적인 알레르기 증상이 나타나게 된다. 대다수 알레르기 증상은 히스타민에 의해 나타나기 때문에 항히스타민제가 알레르기를 완화시키는 데 도움이 된다.

알레르기 반응은 알레르겐이 들어온 후 반응이 나타나는 시간에 따라 즉시형 알레르기와 지연형 알레르기로 구분된다. 항원-항체 반응(B세포 반응의 생성물)의 결과인 즉시형 알레르기 반응은 3가지 기본형으로 분류된다. 심각하거나 때로 치명적인 Ⅰ형 알레르기 반응은 유전적 소인으로 결정된다. Ⅱ형 반응은 특정 표적 세포에서 발견되는 항원과 항체가 반응할 때 일어나는 결과다. Ⅲ형 반응은 특정 항원에 매우 민감한 사람이 항원에 계속적으로 노출되었을 때 생긴다. 즉시형 알레르기에는 알레르기성 비염, 결막염, 알레르기성 천식, 아나필락시스(anaphylaxis) 등이 해당된다. 지연형 알레르기 반응은 T세포 반응에 의해 발생되고, 이는 항원이 있는 위치에 축적되는 시간이 B세포보다 더 오래 걸린다. 일반적인 지연형 알레르기 반응은 접촉피부염이다. 이식한 기관의 거부반응도 T세포에 의해 중개되고 따라서 지연형 알레르기 반응의 하나로 간주되기도 한다. 결핵의 감염 여부를 테스트하는 투베르쿨린 피부 반응 검사 등도 여기에 해당한다.

모든 질환이 그렇듯이 알레르기 또한 발병 후 치료보다 예방이 중요하다. 알레르기를 일으키는 물질의 유입을 막는 것이 가장 좋은 예방법이다. 항히스타민제는 알레르기로 인한 일시적인 고통을 완화시킨다. 또 다른 유용한 방법은 탈감작(脫感作, desensitization)으로, 환자에게 알레르기 반응이 일어나지 않을 때까지 항원을 점차로 늘려가면서 일정 기간 이상 주입시키는 것이다.

대상포진은 왜 공포의 질환인가?

대상포진(帶狀疱疹, herpes zoster)은 온몸이 욱신거리는 통증으로 요로결석(尿路結石), 산통(産痛)과 함께 '3대 통증'으로 불린다. 대상포진 바이러스는 수두 바이러스다. 어릴 때 앓았던 수두는 시간이 지나면 낫지만 바이러스는 없어지지 않고 몸속 신경절(神經節)에 숨는다. 면역력이 강할 때는 조용히 있다가 면역력이 약해지면 신경을 타고 올라와 대상포진을 일으킨다.

대상포진은 주로 50세 이상 중장년층에서 발병하지만, 최근엔 20~30대에서도 발병 비율이 점차 증가하고 있다. 만성 스트레스와 무리한 다이어트 등으로 인한 영양불균형, 수면장애 및 부족 등이 원인이다. 특히 환절기에 걸리기 쉽다.

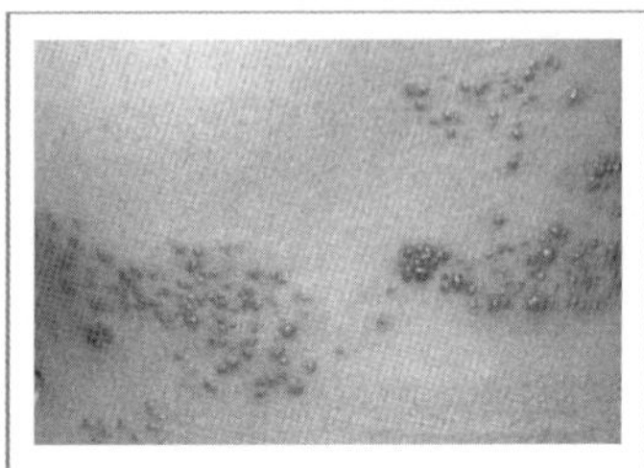

피부에 나타난 대상포진 증상

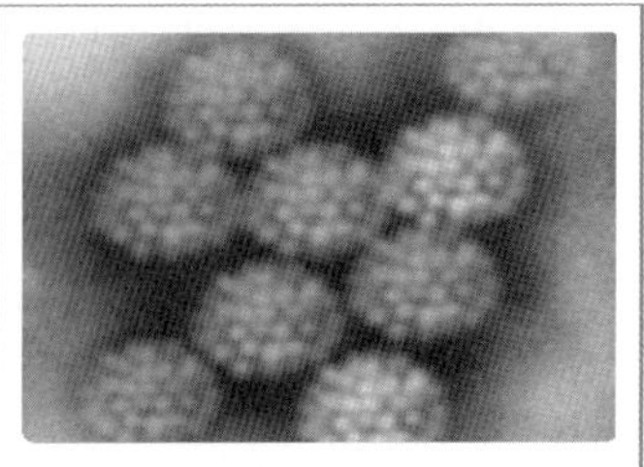
전자현미경으로 본 대상포진 바이러스

대상포진의 초기 증상은 감기와 비슷해 치료 적기를 놓치기 쉽다. 1주일이 지나면 몸통이나 팔, 다리 등 신경이 분포된 곳에 작은 물집(수포)이 나타나며 극심한 통증이 유발된다. 오른쪽이나 왼쪽 등 증상이 한쪽으로만 나타나고, 이를 방치하면 신경통을 남기며 합병증인 안면마비, 미각 및 청각 상실, 시신경장애(실명), 뇌수막염, 뇌염, 간염, 폐렴 등으로 이어질 수 있다.

대개 항바이러스제 복용과 발병 부위 연고 도포로 치료하는데, 발병 후 72시간이 고비다. 치료 시기가 늦어질수록 약효가 떨어지므로 늦어도 포진 발생 2주 내에는 치료를 진행해야 한다. 또한 대상포진의 원인은 무엇보다 면역력 저하에 있기 때문에 면역력을 높이는 것이 중요하다.

가려울 땐 어떻게 해야 할까?

가려움이 괴로운 건 한번 긁으면 계속 긁고 싶고, 긁을수록 가려움이 더 심해진다는 것이다. 이렇게 가려움이 쉽게 멈추지 않는 이유는 뇌에 있다. 우리의 뇌는 가려운 곳을 긁는 행동을 '통증'으로 인식한다. 이 통증을 줄이기 위해 '세로토닌'을 분비한다. 세로토닌은 뇌의 행복한 감정을 느끼게 해주는 신경 전달 물질이기 때문에 긁었을 때 시원함과 쾌감을 느끼게 된다.

그런데 이 세로토닌이 가려움을 전달하는 신경회로를 자극해 가려운 증상을 더 악화시킨다는 사실이 최근 연구를 통해 밝혀졌다. 긁어서 시원함을 느끼는 것은 일시적인 현상일 뿐 긁으면 긁을수록 오히려 피부가 더 손상된다. 그 결과 피부가 점점 예민해져서 가려움을 더 느끼게 되는 악순환이 일어나게 된다.

그러므로 가렵다고 무조건 긁지 말고 미지근한 물로 씻어내거나 스트레스를 제때 풀어 평소에 심리적인 안정을 취하는 게 중요하다. 또 평소에 집안을 깨끗하게 하고 샤워 후에는 보습제를 발라준다. 그래도 가려움이 심하면 반드시 피부과 전문의를 찾아 적절한 치료를 받아야 한다.

무조건반사와 조건반사

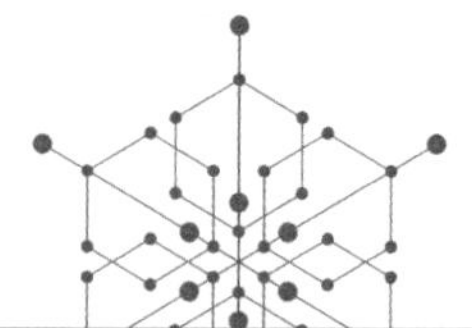

정의 무조건반사(無條件反射, unconditioned reflex)는 특정 자극에 대해 선천적·무의식적으로 반응하는 반사를, 조건반사(條件反射, conditioned reflex)는 무의식적으로 반응하지만 후천적인 학습에 의해 형성되는 반사를 의미한다.

해설 반사(反射, reflex)는 특정 자극에 대해 무의식적으로 즉각적인 반응을 일으키는 비교적 단순한 행동 양식을 의미한다. 반사에는 선천적 반응인 '무조건반사'와 후천적 반응인 '조건반사'가 있다. 선천적·본능적으로 갖는 무조건반사는 대뇌와 관계없이 자극에 대해 무의식적으로 나타나는 반응이다. 그에 반해 후천적 경험으로 얻어진 조건반사는 대뇌가 반사중추로 작용하는 반응이다.

무조건반사의 중추는 척수, 연수, 중뇌다. 감각기의 자극이 대뇌를 거치지 않고 근육, 분비샘 등의 반응기에서 반응이 일어나게 한다. 반사작용의 대부분은 생존과 직접적인 관계가 있어서 빠른 반응 속도가 필요하므로 대뇌를 거치지 않고 일어난다. 예를 들어, 뜨거운 물체에 손이 닿거나 가시에 손이 찔렸을 경우 감각기관에서 받아들인 자극이 감각신경을 통해 척수에 들어오면, 척수 내의 연합신경을 거쳐 운동신경을 통해 운동기관으로 전달되어 반응이 나타난다. 이때 무의식적으로 손을 재빨리 뗄 수 있는 것은 대뇌를 거치지 않기 때문이다. 다만, 무조건반사가 일어난 후에 자극이 대뇌로 전달되므로 상황을 인지하고 아프거나 뜨거운 감각을 느끼게 된다.

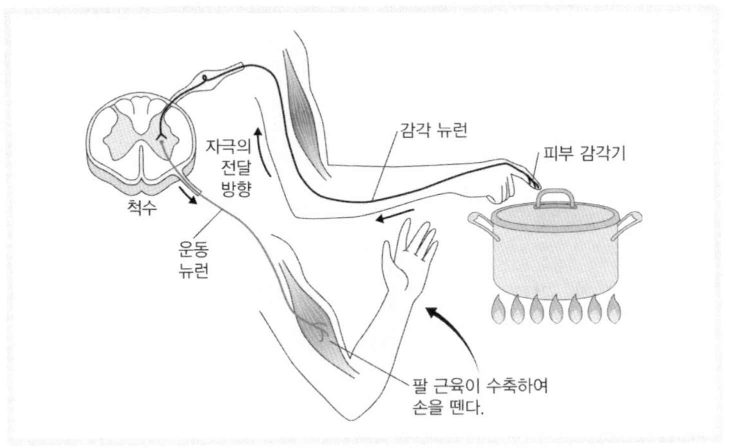

| 자극에 대한 반사 경로

선천적인 반사작용인 무조건반사에는 척수반사, 연수반사, 중뇌반사가 있다. 고무망치를 이용해 무릎을 가볍게 두드리면 다리가 순간적으로 위로 툭 튀어오르는 무릎반사가 척수반사의 대표적인 예다. 무릎반사 외에도 회피반사, 젖 분비, 땀 분비, 배변·배뇨 반사 등이 척수반사에 해당한다. 연수반사에는 기침, 재채기, 딸꾹질, 하품, 구토, 침 분비, 눈물 분비 등이 있으며, 중뇌반사에는 동공반사, 원근 조절 등이 있다.

| 무조건반사의 경로

조건반사는 후천적인 반사작용으로, 신 음식의 이름을 듣거나 신 음식을 보기만 해도 입에 침이 고이는 현상, 파블로프의 실험 등을 예로 들 수 있다. 이는 과거의 경험에 대한 대뇌의 기억이 반사와 연결되어 이루어지는 현상이다. 조건반사가 일어나기 위해서는 학습 능력이 반드시 필요하므로 무조건반사의 경로와 지각의 경로가 결합하여 일어나며, 그 중간에 대뇌가 관여한다.

생.각.거.리.

정말 '몰래 먹다 들켜서' 딸꾹질을 하는 것일까?

본인의 의지와는 상관없이 생기는 딸꾹질은 특정 자극을 받아 배와 가슴 사이를 분리하는 횡격막이 정상적인 운동에서 벗어났을 때 일어난다. 자극에 의해 횡격막에 급작스러운 수축이나 경련이 일어나면 성대가 갑자기 닫히면서 공기가 잘 들어오지 못한다. 그러면 들이쉬는 숨이 방해를 받기 때문에 목구멍에서 이상한 소리가 나는 것이다. 일반적으로 음식을 급하게 삼키거나 갑자기 체온이 변했을 때 딸꾹질을 하게 되는데, 배가 부풀어 오르거나 갑자기 숨을 들이마시는 증상들이 겹칠 때도 딸꾹질이 생길 수 있다. 또한 과식했거나 과음했을 때, 담배 연기와 같은 외부 자극으로도 딸꾹질이 발생할 수 있으며, 너무 심하게 웃다가도 생길수 있다. 이렇듯 딸꾹질은 다양한 원인으로 유발되는데, 가장 흔한 원인은 위가 지나치게 팽만한 경우다.

딸꾹질을 멈추기 위해 가장 흔히 사용하는 방법은 가능한 한 오랫동안 숨을 참고 있게 하는 것이다. 숨을 참으면 혈액 속 이산화탄소가 증가해 몸이 딸꾹질보다 이산화탄소 제거에 집중하게 돼 딸꾹질을 멈추는 것이다. 미지근한 물 마시기, 종이봉투에 입을 대고 20~30초간 숨을 불어넣기 등의 방법을 사용하는 것도 같은 이유에서다. 또한 한방에서는 강한 진정 작용이 있는 감꼭지를 물에 달여 먹으면 딸꾹질을 멈추는데 도움을 줄 수 있다고 한다. 사람을 놀라게 하면 딸꾹질을 멈출 수 있을까? 놀라거나 긴장하는 등 정신적인 이유로 딸꾹질을 시작했다면 어느 정도 효과를 볼 수 있다. 깜짝 놀라면서 뇌가 새로운 자극에 집중하므로 딸꾹질을 멈추게 되는 것이다.

딸꾹질은 며칠 혹은 몇 주 동안 계속되기도 하고 수년 동안 계속되었다는 사례도 있지만 대부분은 치료에 관계없이 10여 초 내외에 자연스럽게 멈춘다. 심한 딸꾹질이 계속되면 횡격막에 분포되어 있는 횡격막 신경을 외과적으로 주저앉힘으로써 치료한다.

하품을 하면 왜 눈물이 날까?

또 하품을 할 때 귀가 갑자기 멍해지면서 소리가 잘 들리지 않게 되는 경우가 있는데 왜 그럴까?

하품을 하면 얼굴이 움직이면서 눈물주머니를 누르게 되는데 그 때 눈물주머니에 고여 있던 눈물이 흘러나오기 때문이다. 또한 얼굴 근육이 움직이면서 귀의 고막 안쪽에 있는 유스타키오관이 열리는데, 이때 공기가 이동하면서 중이(中耳)와 입 안쪽 기압이 같아지도록 중이 안쪽의 기압이 변한다. 그 결과 순간적으로 멍해지거나 소리가 작게 들린다.

반사행동이 갖는 유리한 점은 무엇일까?

반사는 동물이 어떤 자극에 대해 반응하는 가장 빠른 수단으로, 위험으로부터 몸을 신속하게 보호할 수 있도록 한다.

파블로프의 실험이란 무엇일까?

개에게 먹이를 주기 직전에 반복해서 종소리를 들려준다. 그러면 개는 '먹이를 주기 전에는 종소리가 울린다'는 사실을 대뇌에 저장한다. 이후 종소리만 들려주어도 침을 흘리는 것이 관찰된다. 이는 자극에 대한 경험이 대뇌에 저장되어 나타나는 무의식적인 반응이다. 즉, 조건반사다.

반사궁이란 무엇일까?

자극을 받아 반사가 일어나기까지 흥분의 전달 경로를 반사궁(反射弓, reflex arc)이라고 한다. 반사궁은 동물이 자극에 대해 반응하는 가장 빠른 경로다.

물

정의 물(water)은 수소(H)와 산소(O)로 구성되며, 원형질을 구성하는 화합물 중 가장 많은 물질을 의미한다.

해설 사람은 보통 하루에 1 ~ 2L의 물을 섭취하며 살아간다. 생물의 종류에 따라 다르지만 물은 대개 생물 몸무게의 60 ~ 95%를 차지한다. 또한 38억 년 전 원시 생명체의 탄생 장소도 물속이며, 우리가 살고 있는 지구의 약 78%도 물이다. 이처럼 물은 모든 생물의 생명현상에 꼭 필요하고도 중요한 역할을 담당하는 물질이다. 물 분자(H_2O)는 산소 원자 1개와 수소 원자 2개가 결합한 것으로, 산소 원자가 수소 원자보다 전자에 대한 친화력이 월등히 크다. 따라서 산소 원자와 수소 원자가 결합하는 데 관계하는 전자는 산소 쪽으로 끌려간다. 그 결과 산소 원자는 약한 음전하를, 수소 원자는 약한 양전하를 띤다. 이처럼 물 분자는 음전하와 양전하를 동시에 띠는 극성 분자다. 물 분자는 극성을 띠므로 물질의 용해성이 높아 생물체

내에서 여러 가지 물질의 운반을 담당한다. 또한 물은 화학 반응의 매개체로 활동하여 물질대사가 원활히 진행되도록 한다.

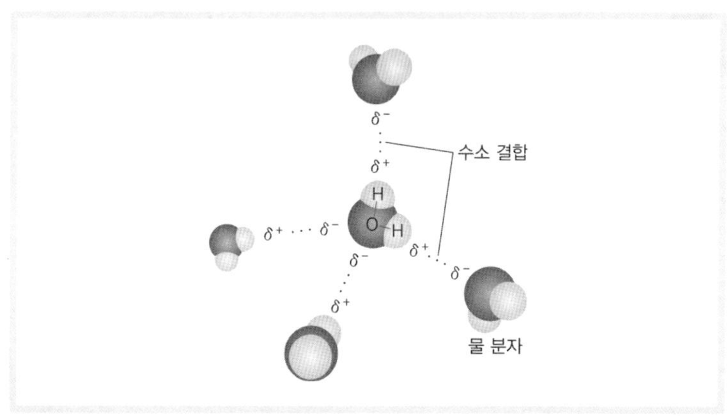

ㅣ물의 구조

또한 극성 때문에 하나의 물 분자의 산소 원자와 인접한 다른 물 분자의 수소 원자 사이에는 약한 화학 결합인 수소 결합이 생긴다. 이러한 물 분자의 수소 결합은 물 분자를 뭉치게 하여 응집력이 나타나도록 한다. 표면 장력과 식물이 중력을 거슬러 높은 곳까지 물을 이동시킬 수 있는 한 가지 요인도 물의 응집력이다. 수소 결합으로 인해 물은 다른 용매에 비해 비열과 기화열이 높다. 비열이 커서 외부의 온도 변화에도 생물체의 온도는 비교적 일정하게 유지되며, 기화열이 커서 땀을 통한 체온 조절이 용이하다.

물은 상온에서 무색, 무미, 무취의 액체로 온도의 변화에 따라 고체, 액체, 기체 중의 한 상태로 존재한다. 태양이 비추면 물은 증발되거나 식물의 증산작용에 의해 수증기 형태로 대기 중에 방출된다. 수증기 중 일부는 비나 눈이 되어 지표면으로 떨어져 생물에 이용되거나 지하수로 저장되거나 강, 바다로 유입되었다가 증발하여 다시 대기 중으로 돌아간다. 물은 이렇게 형태를 자주 바꾸면서 지표와 지하 및 대기 사이를 계속해서 돌고 있다. 반복되는 이 과정이 물의 순환이다.

생. 각. 거. 리.

매운 음식을 먹은 후 찬물을 들이켜면 얼얼함이 달래질까?

도움이 되지 않는다. 왜냐하면 극성 분자인 물은 무극성 분자인 캡사이신(매운 맛의 원인 물질)과 섞이지 않기 때문이다. 캡사이신은 지방처럼 무극성이므로 물에 녹지는 않지만 기름에는 녹는 지용성이다. 따라서 매운 음식을 먹은 후에는 우유나 마요네즈 등을 먹는 것이 도움이 된다. 우유나 마요네즈 안에는 지방 성분이 포함되어 있어서 캡사이신을 녹여내는 것이 가능하다.

염수, 담수, 경수, 연수란 무엇인가?

바닷물을 염수(해수), 바닷물 외의 물을 담수(육수)라고 한다. 염수(해수)가 약 97.5%, 담수(육수)가 약 2.5%를 차지한다. 담수 중 광물질을 많이 함유한 물을 센물(경수), 거의 함유하지 않은 물을 단물(연수)이라고 한다. 담수는 대부분 빙하로 되어 있고, 우리가 쓸 수 있는 하천과 호수의 물은 약 0.0086%에 불과하다. 지하수는 광물질이 많이 용해되어 있어 사용에 제한이 많다.

세계 물 부족 국가들은 어떤 국가들일까?

쿠웨이트, 바레인, 싱가포르, 지부티 등 19개국이 물 기근 국가로 분류되어 있으며, 이집트, 폴란드, 벨기에, 아이티, 리비아 등 많은 국가가 물 부족 국가로 분류되어 있다. 반면에 영국, 미국, 일본 등의 119개국은 물 풍요 국가로 분류되어 있다. 우리나라는 강수량은 많은 편이지만 국토의 70%가 급경사 지대이고, 강수량이 여름에 집중되어 있어 바다로 많은 양이 흘러들어 간다. 따라서 우리나라 또한 심각한 물 부족 국가라고 할 수 있다.

심각한 물 부족 문제, 어떻게 해결할 수 있을까?

해수담수화 기술이란 바닷물에서 염분을 인위적으로 제거한 뒤 이를 담수(淡水)로 만드는 기술을 말하는데, 이는 물 부족 문제를 해결하기 위한 최적의 방법으로 꼽힌다.

염분을 제거 방법으로 주로 사용되는 '증발 방식'이나 '역삼투 방식'은 모두 엄청난 에너지를 필요로 하고 비용이 높아서 상용화가 어렵다.

그런데 최근 포항공대 연구진이 에너지 소모가 적고 효율은 높은 신개념의 해수담수화 기술을 개발했다. 이 신기술은 해안에서 자라는 염생식물인 맹그로브(mangrove) 뿌리의 메커니즘을 모방한 자연모사형 해수담수화 기술이다. 염생식물이란 바닷가 주변에서 서식하는 식물을 가리킨다. 일반적으로 식물은 삼투압 현상으로 인해 염분이 존재하는 지역에서 살 수 없지만, 염생식물은 뛰어난 여과 능력을 갖고 있어 염분이 많은 환경에서도 서식할 수 있다. 나트륨 이온을 여과할 수 있는 기능을 가진 맹그로브 뿌리는 바닷물에 포함된 염분의 약 90%를 걸러낼 수 있는 것으로 알려져 있다. 맹그로브 뿌리를 모방한 필터를 개발 연구진이 실험한 결과, 기존의 해수담수화 기술에 못지않은 96.5%의 염분 제거 성능을 보였다고 밝혔다. 맹그로브 뿌리를 모방한 해수담수화 여과막은 제작 공정도 간단하고 저렴하며, 효율적인 것으로 파악됐다.

곤충에게서 배운 수분 포집 기술도 있다. 아프리카 사막의 딱정벌레는 차가운 등껍데기로 공기 중에 있는 수증기나 안개로부터 수분을 모아 섭취하는 방식으로 진화해 주위에 물이 없어도 살 수 있다. 캐나다의 비영리 기관인 포그퀘스트(FogQuest)는 이 같은 딱정벌레의 안개 응축기술을 활용해 주위에 호수나 강이 없는 메마른 지역에 사는 사람들을 돕고 있다. 식물 원료로 만든 플라스틱과 비슷한 재질의 그물을 통해 공기 중의 수분을 모으는 방법을 알려주고 있는 것이다. 포집 비용은 거의 들지 않지만 시스템 효율이 좋지 않다는 단점은 있다. 특히 안개가 거의 없는 날에는 이용 가능한 물의 2% 정도만 추출할 수 있기 때문에 개선이 필요한 상황이다.

미토콘드리아

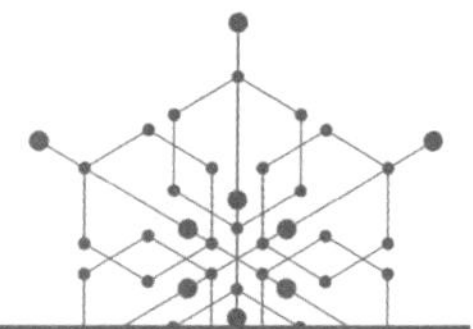

정의 미토콘드리아(mitochondria)는 세포 활동에 필요한 에너지를 생산하는 세포 소기관이다.

해설 미토콘드리아는 세포 호흡이 일어나는 세포 소기관으로, 산소를 이용하여 영양소를 분해함으로써 세포가 이용할 수 있는 형태인 ATP를 생성한다.

세포 호흡 관련 효소 작용을 통해 유기물 속의 화학 에너지를 ATP의 화학 에너지로 전환하여 생명 활동에 필요한 에너지를 공급하므로 미토콘드리아는 '세포 내 발전소'라고도 한다. 활동이 활발하여 에너지 소비가 많은 간세포, 근육세포 등은 다른 세포에 비해 많은 수의 미토콘드리아가 존재한다. 1개의 간세포에는 약 1,000개의 미토콘드리아가 있으며, 몇몇 척추동물의 큰 난세포에는 약 20만 개의 미토콘드리아가 있다고 한다.

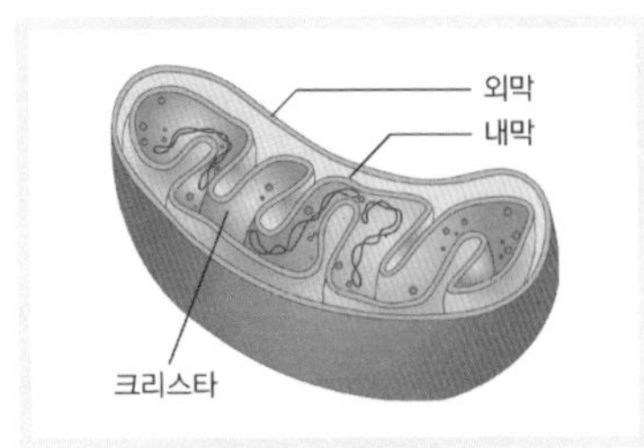

| 미토콘드리아의 구조

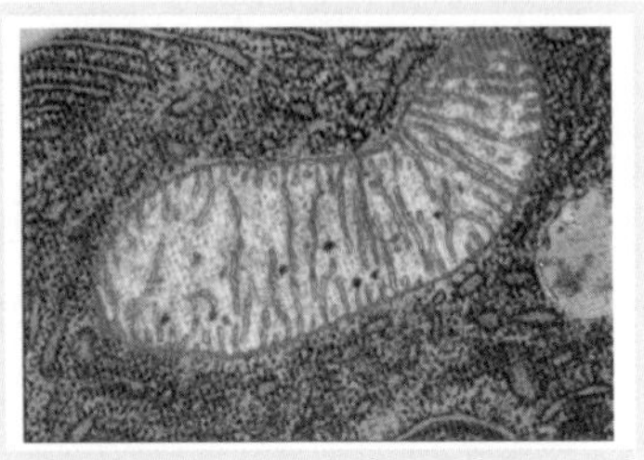

| 미토콘드리아의 전자 현미경 사진

미토콘드리아는 산소 호흡을 하는 모든 진핵 세포 세포질에 존재하며, 타원형 또는 둥근 막대 모양으로 되어 있으며 크기는 1~10㎛ 정도다. 내막과 외막의 2중막으로 싸여 있으며, 외막은 미토콘드리아의 전체 모양을 유지하고 내막은 안쪽으로 주름이 져 있어 크리스타를 형성하며, 내막 안쪽은 기질로 채워져 있다. 크리스타에는 각종 세포 호흡 효소들이 있어 유기물 속의 화학에너지를 ATP의 화학에너지로 전환한다. 기질에도 세포 호흡 효소가 있어 세포 호흡 단계의 일부가 진행된다.

또 기질에는 미토콘드리아의 독자적인 DNA와 RNA, 리보솜(원핵세포의 리보솜과 유사)이 있어 스스로 단백질을 합성하기도 하고 독자 증식이 가능하다.

미토콘드리아의 태생은 박테리아(세균)였을 것으로 추정된다. 과학자들은 15억~20억 년 전 박테리아가 동식물의 세포 안으로 들어와 공생하게 된 것으로 보고 있다.

미토콘드리아를 한때 독립 생물이었다고 보는 이유는, 자기 복제가 가능한 고유한 DNA와 리보솜을 갖고 있기 때문이다. 미토콘드리아는 세포 내부를 돌아다니며, 자신의 모습을 변형시키고 분열과 융합 등 세포 내에서 역동적으로 움직이는 것으로 알려졌다. 분열 과정이

박테리아의 분열과 유사하다.

우리 몸에 있는 세포의 미토콘드리아 기능이 떨어지면 ATP를 충분히 생산할 수 없으므로 질병과 노화를 초래하게 된다. 미토콘드리아의 DNA에 이상이 생기면 질병이 생길 수 있다. 미토콘드리아가 관여하는 것으로 알려진 질병은 100개가 넘는다. 당뇨나 비만 같은 대사성 질환이 대표적이다. 미토콘드리아 질환은 미토콘드리아가 세포 당 1,000~3,000개 들어 있는 대사작용이 활발한 조직인 뇌와 근육에서 특히 많이 나타난다.

신경발작증은 뇌 신경세포의 미토콘드리아 기능 이상으로, 당뇨병은 세포 속의 미토콘드리아 수가 줄어들거나 효율성이 떨어져 당이 세포 속으로 충분히 들어가지 못해 혈액 속의 당수치가 높아져서 생기는 병이다.

파킨슨병은 뇌 신경세포 속의 오래된 미토콘드리아를 제거할 수 없어서 생기는 병으로 뇌 신경세포의 미토콘드리아가 에너지를 제대로 만들지 못한 상태에서 과도한 활성산소의 공격을 받아 뇌 신경세포가 죽어 근육 마비 증상이 나타나는 병이다.

미토콘드리아 질환은 미토콘드리아 기능을 회복하거나 신생 미토콘드리아 수를 늘려주는 영양요법, 항산화 치료, 운동요법으로 치유할 수 있는 질환이다.

생. 각. 거. 리.

유전병 피하는 '세 부모 아이' 시술이란?

세 부모 아이 시술은 건강한 난자를 제공받아 핵을 친모 것으로 바꾸어 넣은 다음, 여기에 다시 아버지의 정자를 수정해 친모의 자궁에서 착상시키는 방법이다. 친모의 난자 속에 있는 세포 속 소기관 '미토콘드리아'로부터 전해지는 각종 유전병을 피할 수 있다. 그러나 이 방법도 친모의 미토콘드리아를 완전히 제거하기는 어렵다. 핵 이식 도중 1~2% 비율로 유전병을 일으키는 미토콘드리아가 섞여 들어오기 때문이다. 낮은 비율이지만 이 미토콘드리아가 분열을 거듭해 아기 몸속에서 다수를 차지할 수도 있어 여전히 유전병 발생 가능성이 남는다.

서울아산병원 연구진은 미국 오리건보건과학대 연구진과 공동으로 이 문제에 대한 해결법을 『네이처』지에 발표했다. 연구진은 미토콘드리아의 복제 속도에 따라 나누는 '하플로그룹(haplogroup)'이라는 기준에 주목했다. 비슷한 미토콘드리아라도 하플로그룹이 다르면 복제 속도가 달라진다. 만약 친모의 미토콘드리아 하플로그룹이 난자 기증자의 미토콘드리아보다 복제 속도가 빠르면, 핵 이식 과정에 섞여 들어간 1~2%의 미토콘드리아가 다수를 차지할 수 있다.

이에 연구진은 친모와 기증자의 하플로그룹의 복제 속도를 비교해, 서로 비슷한 속도를 가진 경우에만 '세 부모 아이' 출산 시술을 할 경우 성공률을 아주 높일 수 있다는 사실을 알아냈다.

미토콘드리아 표적 전달 배달부?

세포 내에서 에너지를 생성하는 소기관인 미토콘드리아에 약물을 효율적으로 전달할 수 있는 자기조립형 나노 약물 전달체가 개발되었다. 가톨릭대 강한창 교수 연구진은 친수성과 소수성 화학 약물 모두를 세포 내 미토콘드리아에 표적 전달할 수 있는 자기조립형(self-assembly) 나노 입자를 개발, 암세포 실험으로 효과를 확인했다고 밝혔다.

표적 나노 약물 전달체는 약물을 나노 물질로 전달해 표적 국소 부위에만 약효가 발생하도록 유도하는 기술로 주목받고 있다. 미토콘드리아는 세포 내 에너지를 생산하는 소기관으로 이 기관이 기능을 잃으면 세포가 손상되고 사멸하게 된다. 그러나 기존의 세포 표적 나노 약물 전달체는 특정 세포 내로 약물을 표적 전달할 수는 있으나 특정 세포소기관에까지 표적하는 능력이 부족해 약물 효과 극대화에 한계가 있었다.

연구진은 물을 싫어하는 소수성 생분해성 고분자인 폴리입실론 카프로락톤(PCL)의 양쪽 끝에 물을 좋아하는 친수성 미토콘드리아 표적물질(TPP)을 화학적으로 결합시켜 TPCL 나노 입자(TPP-PCL-TPP)를 만들었다. 이 고분자를 물에 넣으면 자기조립으로 나노 입자가 만들어지고 여기에 친수성 또는 소수성 화학약물을 붙이면 세포 내 미토콘드리아에 표적 전달할 수 있게 된다. 이 나노 입자는 기존 나노 전달체와 달리 표적물질이 스스로 나노 입자를 형성하는 자기조립성이 있어 입자 형성 능력과 세포소기관 표적 능력이 강하다고 한다.

연구진이 주로 핵을 표적하는 약물(독소루비신 염화염)을 TPCL 나노 입자에 넣어 투여하는 세포 실험을 한 결과 핵보다 미토콘드리아에 약물이 2~7배 더 많이 전달되고 기존 항암제보다 암세포 사멸 능력이 7.5~18배 우수한 것으로 확인됐다. 연구진은 또 자기조립 TPCL 나노 입자는 제조 방법에 따라 방울 모양, 막대 모양 등 형태 조절이 가능하고 형태에 따라 세포 내 약물 전달 효율 및 약물 방출 속도를 조절할 수 있다고 밝혔다.

미토콘드리아가 에너지를 만들어내는 속도?

성장기의 어린이나 청소년은 속도가 빠르다. 속도가 빠를수록 심장박동 수가 많아지고 호흡이 가빠지며 음식도 자주 먹게 된다. 청소년 때에 먹고 돌아서면 배가 고프다고 말하는 것은 이러한 이유 때문이다. 신기하게도 성격이 급할수록, 화를 잘 낼수록 미토콘드리아가 에너지를 만드는 속도가 빠르다. 성격이 느긋할수록, 화를 잘 내지 않을수록, 즉 미토콘드리아 대사 속도가 느릴수록 장수한다는 연구가 있다.

바이러스

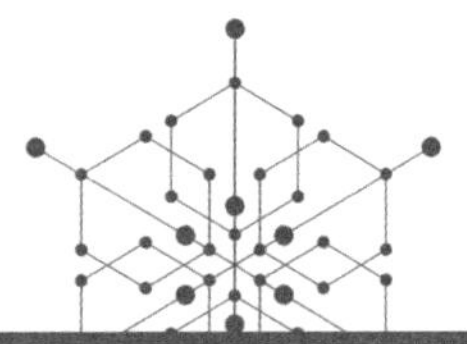

정의 바이러스(virus)는 생물과 무생물의 특성을 모두 가지고 있으며 핵산과 단백질로 구성된 병원체를 말한다.

해설 바이러스는 크기가 30~200nm 정도로 크기가 세균보다 훨씬 작아 세균을 걸러내는 세균 여과기를 그대로 통과한다. 바이러스는 핵산(DNA 또는 RNA)과 단백질로 되어 있는데, 핵산을 단백질로 된 껍데기(capsid)가 둘러싸고 있다. 어떤 바이러스는 단백질 이외에 지방이 섞인 막으로 싸여 있기도 하다. 단백질 껍질은 바이러스가 적당한 숙주 세포로 들어갈 수 있게 돕는 분자들을 가지고 있다.

바이러스는 핵, 세포막을 비롯하여 세포 소기관이 없으며 전형적인 세포의 형태를 갖추고 있지 않다. 따라서 바이러스는 생물체 밖에서는 단백질 결정체에 불과하다. 바이러스는 독자적인 효소가 없어서 스스로 물질대사를 하지 못하므로 독립적으로는 살아갈 수 없다. 즉,

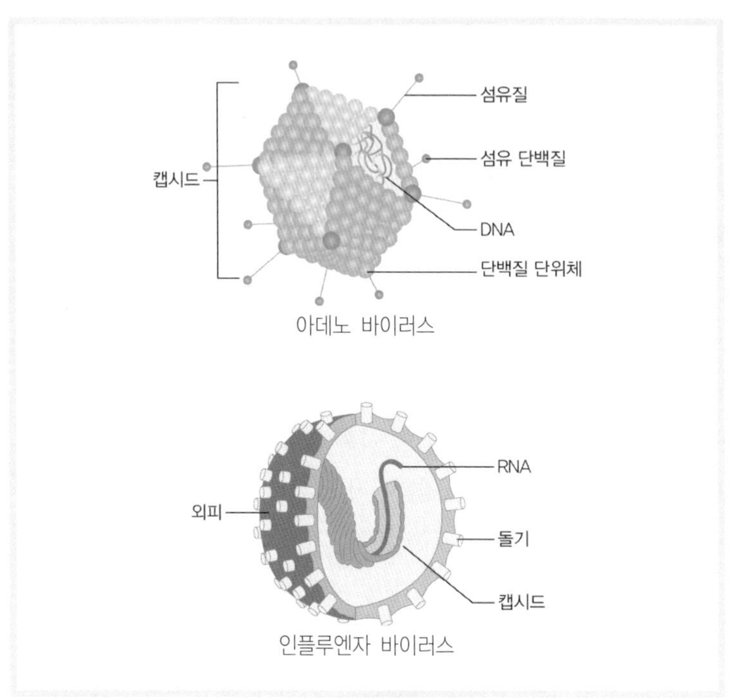

| 바이러스의 구조

바이러스는 생물체 안에 들어가야만 생물체로서 기능할 수 있다. 이처럼 바이러스가 기생하여 사는 생물체를 '숙주(宿主)'라고 하며, 바이러스는 숙주 세포 내에서 효소를 이용하여 물질대사와 증식을 한다. 이 과정에서 유전 현상이 나타나며, 돌연변이를 통해 변종이 나타나는 등 환경에 대응하는 적응 능력이 있음을 알 수 있다. 이처럼 바이러스는 생물적 특성과 무생물적 특성을 모두 가지고 있어 생물과 무생물의 중간형이라고 한다.

바이러스는 (핵산의 종류에 따라) 유전물질로 DNA를 가지면 'DNA 바이러스', RNA를 가지면 'RNA 바이러스'라고 한다. (숙주의 종류에 따라) 동물 세포에 기생하면 '동물성 바이러스', 식물 세포에 기생하면 '식물성 바이러스', 세균에 기생하면 '세균성 바이러스(박테리오파지)'라고 한다.

바이러스는 특이성이 있어 특정 생물만 감염시킨다. 바이러스가 숙주 세포를 감염시키고 증식하는 과정은 종류와 관계없이 대부분의 바이러스에서 비슷하게 진행된다. 바이러스의 단백질이 숙주 세포 표면의 특정한 수용체에 결합한 후, 숙주 세포 안으로 들어가 자신의 핵산을 숙주 세포의 핵산과 결합시켜 자신을 구성하는 성분인 핵산과 단백질을 대량으로 합성한다. 이렇게 만들어진 재료를 결합해 새로운 바이러스가 증식하게 되며 이후 숙주 세포 밖으로 방출되는데, 이 과정에서 숙주 세포가 파괴되기도 한다.

바이러스에 의한 질병으로는 감기, 독감, 후천성면역결핍증후군(AIDS), 소아마비, 간염, 홍역, 천연두, 풍진, 수두 등이 있다. 일반적으로 바이러스성 질병의 치료는 쉽지 않은데 이는 바이러스에만 선택적으로 작용하는 약물을 개발하기 어렵기 때문이다.

바이러스는 숙주 세포 안에 들어가 살고 있어 약물로 바이러스를 소멸시킬 경우 숙주 세포도 함께 피해를 입는다. 또한 바이러스는 돌연변이가 잘 일어나서 치료제의 효과가 낮은 것도 하나의 이유가 될 수 있다.

생. 각. 거. 리.

바이러스와 세균은 어떻게 다를까?

바이러스는 세균보다 크기가 작고 온전한 세포 구조를 갖추고 있지 못하다. 숙주 없이는 증식할 수 없으며 변이 속도가 빨라 항바이러스제 개발이 어렵다. 세균은 세포 구조를 이루고 있고 숙주 없이도 스스로 증식할 수 있으며 항생제 개발이 비교적 용이하다.

독감은 독한 감기, 즉 심하게 걸린 감기일까?

독감은 감기와 증상이 유사하나 전혀 다른 병원체에 의해 발생한다. 감기는 아데노 바이러스 등 다양한 감기 바이러스에 의해 발생하고, 독감은 인플루엔자 바이러스에 의해 발생한다. 감기는 호흡기 점막이 200여 종의 각종 바이러스에 의해 감염되면서 일어나는 급성 염증성 질환으로 콧물과 가래, 기침, 열이 나고 기운이 없다. 반면 독감은 특정 RNA 바이러스에 의해 생기는 질환으로 심한 고열, 두통, 오한이 나타나고 온몸이 쑤신다. 감기는 일반적으로 일주일 내에 자연 치유되나 독감은 바이러스가 변이를 일으키면 전 세계적인 유행과 엄청난 사망자를 초래한다. 감기는 백신을 만들 수 없지만, 독감은 만들 수 있다.

지카 바이러스 감염증이란?

지카 바이러스 감염증(Zika virus infection)은 모기의 흡혈 과정을 통해 감염된다. 이집트 숲모기가 주된 매개체이나 국내 서식하는 흰줄 숲모기도 전파한다. 감염자와 일상적인 접촉으로 감염되지 않으나 잠재적으로 수혈에 의한 전파 가능성이 제기되었고, 성 접촉에 의해 감염되었을 가능성 있는 사례는 보고된 바 있으며, 증상 발생 후 두 달까지 정액에서 바이러스가 확인되었다.

아프리카와 동남아시아에서 유행했으나, 최근 태평양 섬으로 확대되고, 중남미 국가에서 감염 사례가 자주 보고되고 있다.

지카 바이러스를 매개하는 숲 모기

보통 감염된 모기에 물린 후 3~7일이 지나서 증상이 시작되고 최대 잠복기는 2주다. 주요 증상으로는 발진을 동반한 갑작스런 발열, 관절통, 눈의 충혈(결막염)이 있고 그 외에 근육통, 두통, 안구통, 구토가 동반될 수 있다. 증상은 대부분 경미하며 3~7일 정도 지속될 수 있고 중증 합병증은 드물고 사망 사례는 보고된 적이 없다. 2015년 10월 브라질에서 소두증 아기들이 많이 태어난다는 것이 인지되고, 지역적으로 지카 바이러스 유행 지역과 일치한다는 사실이 알려지면서 조사가 진행 중이다. 아직 지카 바이러스가 어떻게 태아의 두뇌 성장에 영향을 주는지 아직 명확하게 밝혀내지 못한 상황이다. 이러한 신생아 소두증과의 연관성 때문에 임신부의 감염에 관심이 집중되고 있다.

현재까지 예방접종은 없으나 모기 노출을 최소화하여 예방할 수 있다. 우리나라는 지카 바이러스 감염증의 선제적 대응을 위해 제4군 법정 감염병으로 지정했다.

바이오에너지

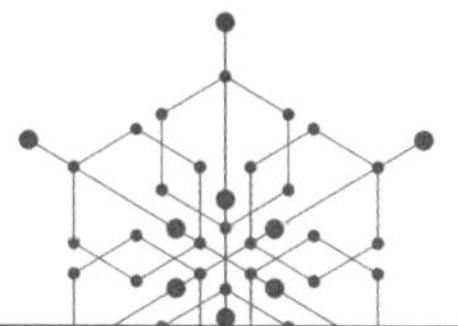

정의 바이오에너지(bioenergy)는 나무, 작물, 해조류 같은 유기체나 음식물 쓰레기, 폐식용유 같은 유기성 폐기물 등을 이용해 만든 연료에서 얻는 에너지를 말한다.

해설 바이오매스(biomass)는 어느 시점과 공간에 존재하는 특정 생물체의 양을 중량 또는 에너지량으로 나타낸 것이다. 생물량 또는 생물체량이라고도 하며, 바이오에너지의 원료다. 바이오매스는 계속 자라거나 생성되므로 화석연료와는 달리 재생이 가능하고 풍부하며, 적정하게 이용하면 고갈될 염려가 없는 장점을 가진다. 바이오매스는 고체, 액체, 기체 바이오매스로 분류된다.

고체 바이오메스에는 신탄, 성형탄, 우드칩 등이 있고, 열이나 전기 에너지로 사용된다. 액체 바이오메스에는 곡물(옥수수, 사탕수수)이나 식물체(나무, 볏짚)의 당분을 발효시켜 만드는 바이오에탄올과 콩이나 유채에서 식물성 기름을 추출해 만드는 바이오디젤이 있으며 이들은 수송용 연료로 사용된다.

바이오에탄올은 휘발유에, 바이오디젤은 경유 연료에 섞어 사용할 수 있어 차량 연료 대체 에너지로 활용되고 있다. 해양 바이오디젤은 우리 해역에 서식하는 미세조류 중 기름을 많이 가진 미세조류를 발견하고 배양해서 특정 지질만을 추출해 생산된다. 기체 바이오매스에는 음식물 쓰레기, 축분, 동물체 등 유기성 폐기물을 미생물이 분해시킬 때 생성되는 메탄가스와 같은 바이오가스가 있다.

I 종류별 바이오에너지 변환 원리

바이오매스를 통해 얻을 수 있는 에너지를 바이오에너지(bioenergy)라고 하는데, 이는 신재생 에너지의 한 분야다. 태양광, 태양열, 지열, 풍력, 수력, 조력 등에 의해 생성되는 신재생 에너지는 전기에너지로만 변환이 가능하다. 그러나 바이오에너지는 열 또는 전기에너지뿐만 아니라 수송용 에너지로 변환할 수 있어 활용도와 가치가 더욱 높다. 즉, 생물체를 열분해 또는 발효시켜서 메테인, 에탄올, 수소와 같은 액체 · 기체 연료를 생성할 수 있다. 바이오에너지는 석유, 석탄,

액화천연가스(LNG) 등 화석 에너지 자원의 고갈에 대비하고 지구 온난화를 방지하기 위한 친환경 대체 에너지로 많은 관심을 모으고 있다.
바이오 연료 생산량도 점점 증가하고 있으며, 특히 수송용 연료 부문에서 바이오 연료가 차지하는 비중이 커지고 있다. 브라질은 사탕수수와 카사바(만조카)에서 알코올을 채취하여 자동차 연료로 쓰고 있고, 미국은 케르프라는 거대한 다시마를 바다에서 재배하여 메테인을 얻는 연구를 수행했다.

생.각.거.리.

신재생 에너지란?

신(新, new)+재생(再生, renewable) 에너지, 즉 새로운 에너지와 다시 살려 쓰는 에너지(energy)를 통틀어 이르는 말이다.
신에너지에는 연료 전지, 석탄 액화 가스, 수소 에너지 등이 있고, 재생 에너지에는 태양광, 태양열, 바이오매스, 풍력, 수력, 해양, 폐기물, 지열 등이 있다.
신재생 에너지는 자연의 제약이 크고 화석 에너지에 비해 경제적 효율성이 떨어지지만, 환경 친화적이면서 화석 에너지의 고갈 문제와 환경오염 문제를 해결할 수 있다. 신재생 에너지는 유가의 불안정과 기후 변화 협약의 규제 대응 등으로 그 중요성이 점차 커지게 되었다. 한국의 공급 비중을 보면 폐기물이 가장 높고, 태양열 · 풍력 등의 비중은 아직 낮은 편이다.

바이오디젤은 경유와 어떻게 다를까?

바이오디젤은 경유와 달리 약 10%의 산소를 포함하고 있는 함산소 연료로, 연소 시 바이오디젤에 포함된 산소로 인해 완전 연소가 일어나 경유에 비해 대기오염물질이 40~60% 이상 적게 배출된다. 그러나 경유와 물성이 다소 달라 함량이 높을 경우에는 차량에 문제를 일으킬 수 있으므로, 현재 디젤 차량 제작사들은 5% 이하 바이오디젤이 혼합된 경유를 사용하는 경우에 대해서만 차량 고장 시 A/S 보증을 제공하고 있다.

미생물로 녹색 석유를 만든다고?

최근 융합기술이 대두되고 있다. 융합기술이란 IT, BT, NT 등 신기술을 상승적으로 결합해 가까운 미래에 인간 활동에 큰 영향을 미치는, 아이디어를 기반으로 한 기술체계를 의미한다. 이런 융합기술은 산업현장에서 이미 활용되고 있다. 섬유나 종이, 도료 등에 쓰이는 '아크릴아마이드'라는 물질은 과거엔 주로 석유를 원료로 만들었다. 그러나 요즘은 이 같은 화학공법에서 바이오 공법으로 생산 방법이 바뀌고 있다. 이미 일본에서도 바이오 공법 중 하나인 효소 공법만을 이용하여 아크릴아마이드를 생산하는 데 성공했다. 여기서 말하는 효소 공법이란 미생물이 갖고 있는 효소를 이용해 아크릴아마이드를 만드는 기술이다.

이렇듯 바이오 기술로 석유화학제품을 대체 생산하는 방안도 모색되고 있는데, 이는 석유화학 제품의 원료인 석유가 고갈된 이후를 대비하기 위해서다. 천연석유가 아닌 원료를 활용하여 석유화학 제품을 생산하는 기술은 비산유국인 우리가 꼭 가야 할 방향이기도 하다. 실제로 바닷물 속에서 건진 녹조류 등을 이용해 종이를 만들거나 바이오에탄올 등을 만드는 방법도 연구되고 있다. 이 과정에서 반드시 고민해야 하는 전통 과학 기술이 발효 기술이다.

발효 기술은 미생물이 유기물(탄소를 가지고 있는 물질)을 완전히 분해시키지 못하고 다른 종류의 유기물(바이오매스)을 만들어내는 과정을 말한다. 효모를 통해 탄수화물에서 에탄올을 만들어내는 것을 그 예라 할 수 있으며, 사람들은 먼 옛날부터 이 원리를 이용해 막걸리나 맥주를 만들어왔다. 과거에는 에탄올이 석유화학 제품이었는데, 발효기술을 산업에서 활용하기 전에는 에탄올을 얻으려면 석유를 정제 · 가공해야 했기 때문이다.

미생물을 이용해 탄수화물로 알코올을 만드는 발효 과정은 화학산업을 대체할 수 있는 충분한 잠재력을 갖고 있다. 알코올을 조금 더 가공하면 에틸렌가스, 벤젠 등 다양한 산업소재도 생산할 수 있기 때문이다. 과학자들이 1970년대 말부터 제안된 이 대체기술은 최근 유전공학과 결합돼 이제 알코올보다 훨씬 부가가치가 높은 생산물까지 만들어낼 수 있는 단계까지 와 있다.

이미 세계 화학 산업계는 화학제품의 원료를 석유 대신 바이오매스로 생산하기 위해 발효기술을 포함한 바이오 산업과 융합하려는 시도를 시작했다. 더 나아가 산업현장에서 활용할 수 있는 미생물의 유전체 정보를 해독하고, 특정 산업 소재를 생산하는 미생물을 개발하고 있다. 또한 극한 환경에서 사는 미생물의 몸속에 있는 독특한 효소를 활용해 새로운 식품 소재나 의약품을 효소공학 기술로 생산하고 있다.

돈을 버는 '똥' 실험?

대변으로 연료를 만들고 돈까지 버는 일석이조의 화장실이 나왔다. UNIST(울산과학기술원) 연구진(도시환경공학부 조재원 교수팀)은 대변으로 난방연료와 바이오디젤을 만드는 화장실을 교내에 설치하고 공개했다.

'비비(BeeVi)'라는 이름이 붙은 이 화장실은 사람의 대변을 이용해 메탄가스와 바이오디젤을 생산한다. 사용자가 대변을 보면 환기 팬이 작동해 대변을 말리면서 냄새는 화장실 밖으로 배출한다. 건조된 용변을 봉투에 담아 화장실 밖에 설치된 미생물 소화조에 넣으면 그때부터 미생물이 대변 분말을 분해해 메탄가스와 이산화탄소를 만들기 시작한다.

여과장치에서 여과된 두 기체는 각각 난방(메탄가스)과 녹조류 배양(이산화탄소)에 쓰인다. 다 자란 녹조류가 배양조 바닥에 가라앉으면 압착기가 식물성 기름을 짜내고, 이를 재처리해 바이오디젤을 만든다. 이 과정에 약 일주일이 소요되고, 1인당 200g씩 100명의 대변을 모으면 약 18명이 온수 샤워를 할 수 있는 정도의 에너지를 만들 수 있다.

백신

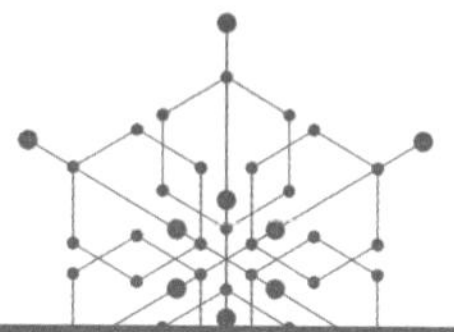

정의 백신(vaccine)은 체내에서 인공으로 면역 작용을 유도하기 위해 독성을 제거하거나 약화시킨 항원을 말한다.

해설 세포성 면역이나 체액성 면역은 건강한 사람이면 누구나 스스로 획득할 수 있는 능력으로 '자연 면역'이라고도 한다. 이에 반하여 아직 면역력을 갖추지 못한 신생아나 면역력이 감소한 노인의 경우에는 인위로 면역력을 높이기도 하는데, 이를 '인공 면역'이라고 한다. 인공 면역의 대표적인 예가 '백신' 접종이다.

19세기에 미생물이 여러 질병의 원인이 된다는 것을 알게 되었고, 수차례의 시행착오를 거친 결과 백신이 만들어졌다. 어떤 감염증에 대해 인공으로 면역을 얻기 위해 약화시키거나 죽인 미생물 또는 약화시킨 독성 물질을 '백신'이라고 한다. 백신은 프랑스의 미생물학자 파스퇴르(Luis Pasteur)가 붙인 이름이다. 영국의 외과의사 제너(Edward Jenner)는 천연두 예방접종의 창시자로 천연두에 걸린 소에서 항체를 얻어 주사함으로써 천연두를 완전히 예방할 수 있게 되었다. 이후 대부분의 전염병에 대한 백신이 개발되었고, 20세기 중반까지 백신과 항생제의 적절한 사용으로 많은 질병이 예방 및 치료되었다. 그러나 백신 개발이 어려운 질병이나 새로운 질병, 바이러스의 변이, 항생제에 저항성을 가지는 병원체의 출현 등으로 인해 백신 연구는 계속 진행 중이다.
예방 주사는 백신 접종을 의미한다. 백신 접종법은 특정한 질병에 대한 저항력을 높이기 위해 감염 전 예방을 목적으로 항원을 주입하는 것이다. 항원을 주입하면 체내에서 1차 면역 반응이 일어나 기억 세포가 형성된다. 기억 세포의 수명은 수년에서 수십 년으로 오랜 시간 체내에 남을 수 있다. 동일한 항원이 2차 침입하면 기억 세포에 의한 2차 면역 반응이 일어나 항체를 빠르게 생산하여 질병을 예방한다. 단, 백신 접종으로 생성된 기억 세포는 한 종류의 항원만을 기억하므로 여러 질병을 예방하려면 종류가 다른 백신을 여러 차례 접종해야 한다.
백신은 살아있는 병원체의 독성을 약화시켜 만든 생백신(live vaccine)과 병원균을 죽여서 만든 사백신(nonlive vaccine)으로 나뉜다. 백신 접종은 대개 3주 후 최고의 면역성을 갖게 된다. 생백신은 백신의 효과가 오래 지속되고 상대적으로 값이 저렴하나 과민반응이 나타날 수 있다. 사백신은 백신의 효과가 짧아서 2~3주 간격으로 반드시 추가 접종을 해줘야 하고 생백신에 비해 안정성이 높으며 냉장보관이 용이하다. 모든 백신은 2~8℃의 냉암소에 보관해야 하는데 생백신은 열에 노출되지 않아야 하고, 사백신은 얼지 않아야 한다.
일반적으로 독감 백신(사백신)의 제조 방법은 다음과 같다. WHO 협력 연구 센터는 세계보건기구(WHO) 산하 연구소가 제공한 백신 균주를 표준화한 실험용 균주와 혼합해 하이브리드 백신 균주를 만들어 백신 제조사에게 공급한다. 백신 제조사는 공급받은 균주를 9~12일 된 유정란에 주입해 2~3일 동안 배양한 다음 흰자에서 백신 바이러스를 분리한 뒤 바이러스의 단백질 성분을 정제해 백신 원액을 만든다. 필요한 백신의 양을 얻기 위해 이 공정을 반복한 후 백신 원액을 백신 접종 1회분으로 포장해 시판한다.

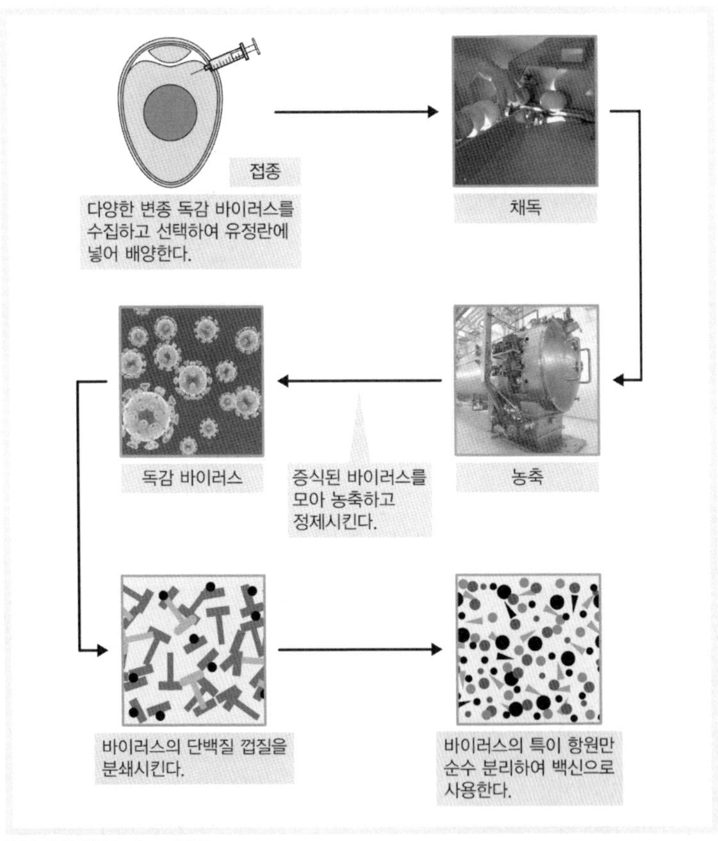

| 독감 백신의 제조 공정

생.각.거.리.

왜 감기 백신은 없을까?

감기의 대부분은 리노바이러스가 일으킨다고 알려져 있지만 이 밖에도 코로나바이러스(10~15%), 인플루엔자바이러스(10~15%, 독감도 넓은 의미에서 감기에 포함), 아데노바이러스(5%) 등 여러 바이러스가 관여하는데, 유형으로 치면 200가지가 넘는다. 현재는 이 가운데 인플루엔자바이러스만 집중 연구하여 백신과 치료제를 개발함으로써 어느 정도 대처하고 있는 상태다. 그러나 일반 감기는 원인 바이러스가 너무 다양하고 바이러스가 해마다 계속 변이를 일으키기 때문에 백신 개발이 어렵다.

2009년 『사이언스』 지에는 리노바이러스의 99가지 혈청형(serotype, 형성된 항체를 통해 바이러스를 분류하는 방법)의 게놈을 분석해 그 계보를 구성한 논문이 실렸다. 이 논문은 리노바이러스의 다양성을 보여줬을 뿐 아니라 당시까지 거의 알려지지 않았던 리노바이러스 C형의 존재를 부각시키고 있다. 리노바이러스는 최근까지도 A형과 B형 두 가지가 있다고 알려져 있었다.

사실 감기를 결코 무시할 수는 없는 것이, 평소에는 평범한 감기 증상을 일으키는 바이러스도 어느 날 갑자기 무시무시한 변종으로 나타날 수 있기 때문이다. 지난 2003년 전 세계를 긴장시켰던, 치사율 10%에 이르는 사스(SARS, 중증급성호흡기증후군)의 원인 바이러스가 바로 변종 코로나바이러스다.

독감백신 3가와 4가는 뭐가 다를까?

독감 바이러스는 A, B, C형 인플루엔자바이러스로 분류된다. 독감을 일으키는 바이러스는 A형과 B형 인플루엔자바이러스다. 독감 백신은 한 번 접종으로 3가지 바이러스를 예방하는 '3가 백신'

과 4가지 바이러스를 예방하는 '4가 백신'으로 구분된다. 3가 백신은 A형 인플루엔자 바이러스인 H1N1과 H3N2, B형 인플루엔자바이러스인 야마가타와 빅토리아 중 한 가지 바이러스를 예방할 수 있다. 4가 백신은 이들 4개 바이러스를 모두 한 번에 예방할 수 있는 백신이다. 세계보건기구(WHO)가 예상하는 독감 바이러스에 포함되지 않은 B형 바이러스가 유행하는 'B형 미스매치' 사례가 잇따르면서 4가 독감 백신의 필요성이 커지고 있다는 설명이다. WHO뿐 아니라 유럽의약품청(EMA), 미국 질병관리본부(CDC)는 2013년 4가 독감 백신을 접종하면 폭넓은 예방 효과를 볼 수 있다고 발표했다.

무료 예방접종 대상자(만 65~75세 이상 노인, 생후 6~12개월 미만 영아)가 받는 백신은 3가 백신이다. 무료 예방접종 대상자를 제외한 일반인은 독감 백신을 접종할 때 3가와 4가 백신 중 고를 수 있다. 3가 독감백신 접종 비용이 3만 원인 것에 비해 4가 백신은 4만 원이다.

이 외에도 독감백신은 개(犬)의 세포를 사용해 백신을 배양하는 세포배양 방식과 유정란을 통해 백신을 생성하는 방식이 있다. 세포 배양 방식은 동물 세포를 사용해 바이러스를 배양하고 백신을 생산하는 기술이다. 세포배양 방식은 6개월 정도 걸리는 유정란 방식에 비해 생산기간이 2~3개월 정도로 절반이고, 계란 알레르기가 있는 이들에게도 문제가 없다는 장점이 있다. 유정란 방식은 1930년대 초 닭의 유정란에서 독감 바이러스를 배양할 수 있다는 사실이 확인된 이후 지금까지 이뤄지고 있는 생산 방식이다. 대부분의 글로벌 제약사들이 채택하고 있으며 검증된 효능과 안정성을 강점으로 내세운다. 지난해 미국 CDC에 공개된 22종의 소아용 및 성인용 독감 백신 가운데 20개 제품이 유정란 방식으로 생산된 백신이었다. 국내에서 제품을 판매하고 있는 다국적 제약사 GSK와 녹십자, 일양약품 등 국내 제약사 대다수는 유정란 방식으로 독감 백신을 생산하고 있다.

예방 주사(백신 접종)와 면역 혈청 주사는 어떻게 다를까?

면역 혈청은 감염체나 유독물질에 대해 특정한 항체를 가진 혈청으로 사람, 말, 양, 소 등을 감염시켜 생산한다. 예방 주사는 항원을 주입하는 것이고, 면역 혈청 주사는 항체를 주입하는 것이다. 예방 주사는 감염 전 예방에, 면역 혈청 주사는 감염 후 치료에 목적이 있다. 인공 면역인 예방 주사는 감염물질에 의해 자연히 형성되는 능동 면역임에 반해 면역 혈청 주사는 직접 항체를 주입한 것이므로 수동 면역이며, 항체가 존재할 때까지만(대체로 수주 ~ 수개월) 유효하다.

비타민

정의 비타민(vitamin)은 동물체 내에서 합성되지 않으며 미량이지만 동물의 물질대사와 생리 작용 조절에 관여하는 영양소를 말한다.

해설 비타민은 동물의 정상적인 발육과 영양을 유지하는 데에 미량으로 중요한 작용을 하는 유기 화합물이다. 탄수화물, 단백질, 지방과는 달리 체내에서 에너지원으로 사용되지 않으며, 생물체 구성 물질로도 작용하지 않는다. 체내에서는 생성되지 않아 반드시 음식물에서 섭취해야 하는데 부족하면 비타민 결핍 질환에 걸릴 수 있다. 비타민은 많은 식품 중에 함유되어 있으며 지용성 비타민과 수용성 비타민으로 구분한다.

지용성 비타민에는 비타민 A, D, E, K가 있으며, 수용성 비타민보다 열에 강하고 지방과 함께 흡수된다. 지용성 비타민은 담즙산염에 의해 장(腸)에서 흡수되며 림프계에 의해 신체의 각 부위로 전달된다.

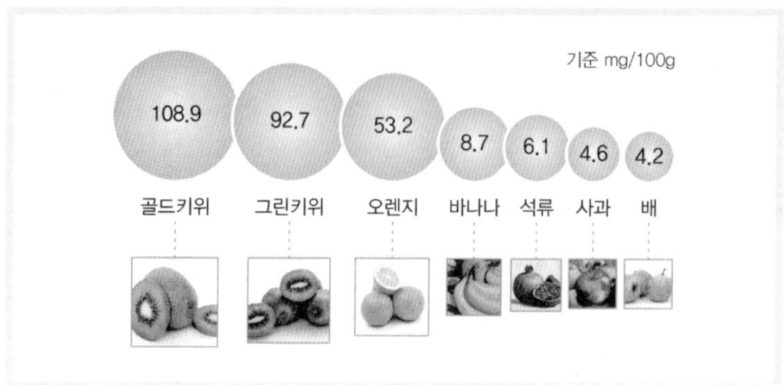

| 과일별 비타민C 함량

인체는 수용성 비타민보다 지용성 비타민을 더 많이 저장하고 있다. 비타민 A와 D는 간에, 비타민 E는 체지방(體脂肪)과 생식기관에 저장된다. 비타민 K는 비교적 미량만이 저장된다.

비타민 A는 녹색 또는 황색 식물에서 발견되는 β 카로틴으로부터 만들어진다. 비타민 A 결핍 시에는 피부나 눈의 건조와 발육이 제대로 이루어지지 않고 야맹증, 각막건조증이 나타날 수 있다. 야맹증은 눈이 밝은 곳에서 어두운 곳으로 빨리 적응하지 못하여, 희미한 불빛 아래서나 밤에 시력이 떨어지는 현상이다. 비타민 D는 대구나 다랑어의 간유에 많으며 장으로부터 칼슘의 흡수를 조절하므로 뼈의 발육에 필수적인 성분이다.

비타민 D는 뼈를 튼튼하게 유지하는 기능을 한다. 대부분 태양광선에 의해 만들어지며 음식물로 섭취되는 비타민 D는 많지 않다. 햇빛을 받으면 피부 세포에서 합성되는데 이때 합성된 양이 대사에 필요한 양보다 부족하면 음식물로부터 섭취해야 한다. 아동은 뼈의 성장 속도가 빠르기 때문에 많은 양의 비타민 D가 필요하다. 결핍되면 구루병이 발생한다. 구루병은 뼈의 성장에 장애가 생겨 등뼈나 가슴

따위가 구부러지는 병으로 주로 유아에게 많이 발생한다.

비타민 E는 특정 식물성 기름에서 주로 발견되는 지용성 화합물(토코페롤)로 특히 밀의 맥아유에 많이 들어 있다. 비타민 E는 산화 환원 반응의 해로운 영향으로부터 세포를 보호한다. 따라서 토코페롤은 상업적으로는 지방, 특히 식물성 기름의 산패를 막는 항산화제로 쓰인다. 또한 동물의 성장을 촉진시킨다. 결핍되면 불임증, 근이영양증에 걸린다.

비타민 K는 녹색 잎채소에서 발견된다. 음식물을 통해 충분히 공급되며, 장 내에 살고 있는 세균에 의해 합성되기 때문에 고등동물에서는 비타민 K 결핍증이 자연적으로 발생하는 일이 거의 없다. 그러나 비타민 K가 결핍되면 혈액 응고 장애가 일어난다. 비타민 K가 혈액을 응고시키는 효소 과정에 참여하기 때문이다. 혈액의 응고가 지연되거나 방해되는 것은 프로트롬빈의 부족 때문인데, 이 물질을 간에서 합성하기 위해서는 비타민 K가 필요하다.

수용성 비타민은 장(腸)에서 흡수되어 순환계를 통해 비타민이 사용되는 특정한 세포 조직으로 운반된다. 수용성 비타민을 과다하게 섭취하면 세포에 어느 정도 저장되고 나머지는 오줌으로 배설된다. 수용성 비타민에는 비타민 B 복합체(B1, B2, B3, B5, B6, B7, B9, B12), 비타민 C가 있다.

비타민 B 복합체는 동물의 간에 비교적 많이 존재한다. 비타민 B는 체내 작용을 위해 몇 가지 화학 반응을 거친다. 비타민 B는 다른 분자의 일부분과 결합하거나 혹은 그 분자에 첨가되어 활성 형태가 되는데 이를 조효소라 한다. 조효소는 효소를 활성화하는 화합물이다. 비타민 B1(티아민)의 결핍은 각기병을, 비타민 B2(리보플라빈)의 결핍은 설염 및 구내염을, 비타민 B12의 결핍은 악성 빈혈을 초래한다.

비타민 C(아스코르빈산)은 신선한 과일과 채소 등에 많으며 콜라겐, 호르몬 합성, 감염 저항성, 철분 흡수 증가, 항산화 등의 생리학적 기능을 한다. 결핍되면 만성 피로가 나타나고, 상처 치유뿐만 아니라 뼈와 치아의 발육이 지연되며 괴혈병이 발생한다. 비타민 C를 많이 섭취하면 감기 예방 및 면역 효과가 있다고 알려져 있다.

생.각.거.리.

원기 회복 드링크제는 효과가 있을까?

'박카스'와 '원비디' 모두 비타민B1 · 2 · 3 · 6와 무수카페인을 함유하고 있다. 비타민B1 · 2 · 3는 체내 에너지 공장인 미토콘드리아의 기능이 잘 발휘될 수 있게 도와 에너지 생성에 직접 작용한다. 특히 비타민B3는 효과가 빠르게 나타나는데, 박카스나 원비디를 복용했을 때 반짝 힘이 나는 느낌도 이 때문이다. 카페인 역시 원기 회복 약제에는 빠질 수 없는 성분이다. 각성 효과가 있는 카페인은 중추신경을 자극해 집중력을 높이고 피로를 풀어주기 때문이다. 비타민B2 · 6는 말초신경에 작용해 피로로 인해 누적된 통증 완화에 도움을 준다.

제품명	 박카스D	 원비-디
특이 성분	타우린 2000mg, 이노시톨	인삼유동액스 450ug, 구기자 150ug, 판토텐산칼슘(B5)
동일 포함 성분	티아민(B1), 리보플라빈(B2), 니코틴산아미드(B3), 피리독신(B6), 무수카페인 30mg	

두 제품의 차이는 동일 성분이 아닌 차별화된 성분에서 나타난다. 박카스는 타우린과 이노시톨을 함유하고 있다. 타우린은 담즙 분비 촉진, 해독 작용, 근육 손상 억제를 통한 운동 기능 향상 등을 통해 피로를 푸는 데 효과적이다. 이노시톨은 세포가 포도당을 잘 사용할 수 있게 하며 대사증후군 개선에 도움을 준다. 즉, 박카스는 스트레스나 음주 등으로 인한 간 기능 개선, 에너지 생성 촉진, 활성 산소 억제를 통한 근육 세포 보호와 각성 효과로 원기 회복을 돕는다.

원비디는 인삼과 구기자, 판토텐산칼슘(B5)를 함유하고 있다. 인삼은 대표적인 항피로물질로 항산화 작용과 인지 기능 개선, 에너지 생성 촉진, 젖산 분해 효소의 활성을 높여 근육피로를 풀어준다. 구기자 역시 면역 강화 작용 및 간세포 보호 효과를 갖고 있어 간 기능 개선에 도움을 주며, 비타민B5는 에너지 대사에 직접 작용, 특히 CoA의 공급원으로서 에너지 대사에는 필수 성분이라고 볼 수 있다. 즉, 원비디는 에너지생성 강화, 젖산 등 근육피로 물질을 해독하고 인지 기능 향상과 각성 효과를 통해 피로를 푸는 효능이 있다고 볼 수 있다.

비타민 F와 비타민 P란?

비타민 F(Linoleic Acid)는 참기름, 들기름, 콩류, 콩기름, 해바라기씨 기름, 식품성 기름, 곡식의 씨눈에 들어 있는 지용성 비타민이다. 콜레스테롤 축적 및 심장병을 예방하고 건강한 피부 및 모발을 만든다. 포화 지방산을 연소시켜 체중 감소의 효과도 있다. 결핍 시 습진, 여드름, 어린이의 성장 저해, 감염에 대한 면역 능력 저하 등이 나타난다.

비타민 P는 수용성 비타민 일종으로, 바이오플라보노이드(bioflavonoids)라고도 한다. 바이오플라보노이드는 천연 비타민C와 함께 존재한다. 비타민 P는 감귤류에서 추출되는 천연 제품으로, 말초 혈관을 보호하여 출혈이나 멍이 드는 것을 방지하기 위해 이용되었다. 항산화 · 항균 · 항염 기능이 있고, 심혈관 질환, 암, 당뇨병 등의 발병률과 사망률을 감소시키는 효과가 있다.

비타민 하루 권장량은?

연번	비타민 종류	권장량	연번	비타민 종류	권장량
1	비타민A	750ugRE	8	비타민B2	1.5mg
2	비타민D	5ug	9	비타민B3	16mg
3	비타민E	10mga-TE	10	비타민B5	5mg
4	비타민K	75ug	11	비타민B6	1.5mg
5	비타민C	100mg	12	비타민B9	400mg
6	비타민B	30mg	13	비타민B12	2.4mg
7	비타민B1	1.2mg			

삼투

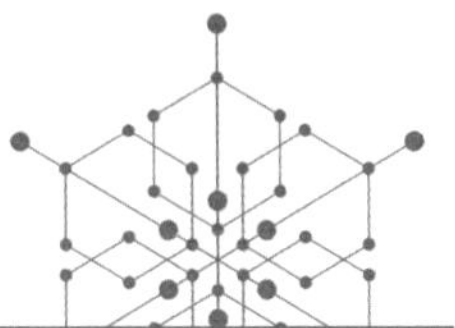

정의 삼투(滲透, osmosis)는 반투과성 막을 경계로 농도가 다른 두 용액이 있을 때 저농도에서 고농도로 용매가 이동하는 현상을 말한다.

해설 반투과성 막을 통해 농도가 낮은 쪽에서 높은 쪽으로 물(용매)이 확산에 의해 이동하는 현상을 삼투라 하고, 삼투가 일어날 때 반투과성 막에 작용하는 압력을 삼투압이라고 한다. 삼투가 일어날 때에는 에너지를 소비하지 않는다.

배추를 소금물에 담가두면 배추의 숨이 죽는 현상, 손을 물속에 오래 담그면 손이 부풀어 오르는 현상, 식물의 뿌리가 토양 속의 물을 흡수하는 현상, 물이 콩팥의 세뇨관에서 모세 혈관으로 재흡수되는 현상 등은 모두 삼투에 의해 나타난다.

반투과성 막은 미세한 구멍이 뚫려 있는 막으로 물과 같은 용매는 투과시키지만 용질은 특성에 따라 투과시키지 않는다. 용액 속의 입자 중에서 막의 구멍보다 크기가 작은 물질은 반투과성 막을 투과할 수 있으나 막의 구멍보다 크기가 큰 물질은 반투과성 막을 투과할 수 없다. 세포막, 셀로판 막, 달걀 속껍질 등이 반투과성 막이다.

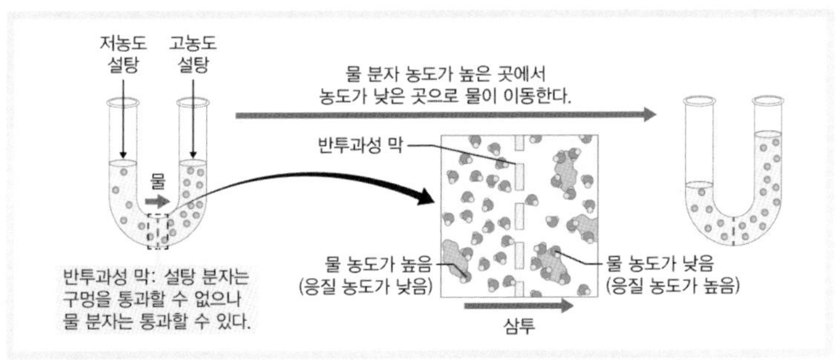

| 삼투의 원리

반투과성 막을 U자관의 밑면에 끼우고 양쪽에 농도가 다른 설탕 용액을 넣으면 시간이 지남에 따라 고농도의 설탕 용액이 있는 쪽의 높이는 높아지고 저농도의 설탕 용액이 있는 쪽의 높이는 낮아지면서 양쪽 용액의 농도가 같아질 때까지 물이 확산된다. 삼투가 일어난 결과 양쪽 용액의 양이 달라지고, 압력의 차이가 나타난다. 이 압력의 차이는 곧 삼투압과 같다. 삼투압은 삼투에 의해 반투과성 막이 받는 압력으로 물질의 농도와 온도에 따라 달라진다. 용액의 농도가 높고 온도가 높을수록 삼투압이 커진다. 삼투압은 용질이 세포막을 통과하지 못할 경우에만 생긴다. 용질이 세포막을 통해 확산되는 경우 삼투압은 나타나지 않는다.

$P = CRT$	P : 삼투압 C : 용액의 몰 농도(M) R : 기체 상수(0.082 atm · L/mol · K) T : 절대 온도(273 + t ℃)

생.
각.
거.
리.

미역국과 오이무침 속의 과학 원리?

미역국과 오이 무침을 만들기 위해 마른 미역을 물에 넣고 불리는 동안, 오이에 소금을 뿌려 절여둔다. 딱딱한 미역은 부드럽게 불리고, 오이는 수분을 빼서 아삭거리게 만드는 이 두 행위 뒤에 놓인 과학 원리는 같다. 모두 삼투 현상을 이용하는 것이다. 마른 미역을 구성하는 세포의 세포질은 물보다 농도가 짙으므로 마른 미역에 물을 넣으면 삼투 현상에 따라 물이 미역 세포 안으로 이동하여 부풀어 오른다. 반대로 오이에 소금을 뿌리면 오이 세포보다 오이 표면에 녹은 소금물의 농도가 짙으므로 오이 세포 안의 수분이 빠져나와 물기가 흥건해지고 오이는 꼬들꼬들해진다. 이처럼 음식을 맛있게 조리하는 데 삼투 현상을 이용한다.

삼투 순응형 동물과 항삼투성 동물의 차이?

삼투 현상을 조절하는 것 자체가 생존과 연관된 생물도 있다. 물속에서 살아가는 수중 생물이다. 물속은 육지와는 달리 주변 환경 자체가 하나의 커다란 용기 속에 든 용액과 같으므로 이곳에서 살아가는 생물은 늘 삼투압 스트레스에 시달린다. 개중에는 주변 환경과 체내의 농도가 같도록 진화해 삼투압을 아예 없애버린 종도 있다. 이런 동물을 '삼투 순응형 동물'이라 하는데, 내부 체액의 농도를 주변 환경과 같게 만들어 삼투 스트레스를 근본부터 제거한 존재다. 해파리와 같은 해양 무척추동물 중 다수는 이런 삼투 순응형이다. 상어나 가오리 같은 연골어류 역시 체액 속에 요소를 다량 함유하여 체액 농도가 바닷물의 농도와 비슷해 삼투 현상이 거의 일어나지 않는다. 사람을 비롯한 포유동물은 신장이 걸러내 그대로 소변에 섞어서 배출하는 일종의 노폐물인 요소를 이들은 다시 흡수하는 능력을 지니고 있다. 그래야만 삼투 현상을 억제할 수 있다.

하지만 모든 생물체가 삼투 순응 특성을 가진 것은 아니다. 생물체에 따라서 가장 최적화된 체액의 농도는 다르고, 특히 대부분의 척추동물은 주변 환경과는 상관없이 체액의 농도를 일정 수준으로 유지하는 '항삼투성 동물'이다. 대표적인 수중 척추동물인 어류, 그중에서도 경골어류의 체액 농도는 약 1.5% 정도로 민물보다는 높고 염도가 3.5% 정도인 바닷물보다는 낮다. 따라서 이들은 삼투 현상으로 몸이 빵빵하게 부풀어 오르거나(담수어) 쪼글쪼글하게 줄어들지 않으려면(해수어) 주변 환경에 맞춰 적절하게 조절해야한다.

물고기들의 삼투 전략?

삼투 현상에 대해 스트레스를 받는 것은 담수어나 해수어나 마찬가지지만, 그 대응 방식은 전혀 다르다. 담수어는 체액의 농도가 주변보다 더 높으므로 물이 몸 안으로 유입되는 것을 막아야 한다. 이때 담수어가 취하는 전략은 '퍼내기'다. 폭우로 댐 안에 가둔 물의 양이 늘어나면 수문을 열어 물을 빼내듯이, 몸 안의 물이 넘치는 것을 막기 위해 묽은 소변을 다량 배출하는 방법으로 체액의 농도를 유지한다. 반면 해수어는 체액의 농도가 주변보다 낮으므로 물이 빠져나가는 것을 막기 위해 '걸러내기' 방식을 이용한다. 물에 섞인 부유물을 체를 통해 걸러내듯 다량의 바닷물을 마시고 소화관을 통해 수분과 염류를 흡수한 뒤, 염류만 골라 아가미에 존재하는 염분 배출 세포를 통해 몸 밖으로 배출시켜 체액의 항상성을 유지한다.

대개의 물고기는 '퍼내기'와 '걸러내기' 중 하나의 전략으로 주변 환경에 적응해 살아가며, 급작스럽게 환경이 바뀌면 적응하지 못하고 죽고 만다. 담수어를 바닷물에 방류한다든가, 해수어를 민물 어항에 넣어두면 얼마 못 가 죽고 마는 것은 다 이 때문이다. 현재 밝혀진 물고기는 2만 1,600여 종으로 그중 41%는 '퍼내기' 전략을 사용하는 담수어고, 58%는 '걸러내기' 전략을 사용하는 해수어다.

그럼 나머지 1%는? 이들은 특이하게도 '퍼내기'와 '걸러내기'의 이중 삼투 전략을 모두 사용할 줄 아는 종류로, 기수어(汽水魚)라고 한다. 원래 기수(汽水, brackish water)란 강 하구처럼 바닷물과 강물이 섞이는 곳의 물로 민물보다는 짜고, 바닷물보다는 묽은 물을 의미한다. 기수가 존재하는 기수역은 매우 넓고 염분 농도도 다양해 거의 민물에 가까운 곳부터 심지어는 해수보다 염도가 높은 곳까지 존재한다.

역삼투란 무엇인가?

역삼투(逆滲透, reverse osmosis)는 삼투압보다 높은 압력을 가할 때 용액으로부터 순수한 용매가 반투막을 통해 빠져 나오는 현상이다. 즉, 고농도의 용액에 인위의 압력을 가할 때 고농도에서 저농도로 물이 이동하는 것이다. 이 방법을 이용하면 바닷물 등의 수용액에서 순수한 물(담수)을 얻을 수 있다. 이를 이용한 여러 가지 정수장치가 개발되어 있으며, 선박이나 물이 부족한 중동 지방(두바이 등)에서 실제로 사용되고 있다.

색맹

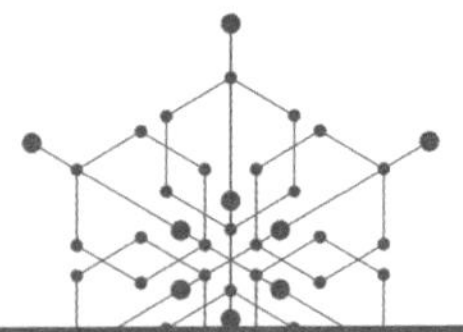

정의 색맹(色盲, color blindness)은 시각 세포에 이상이 생겨 색을 잘 구분하지 못하는 유전 질환을 말한다.

해설 사람 눈의 망막에는 색깔을 구분하는 원뿔(원추) 세포와 명암과 형태를 구분하는 막대 세포가 있다. 망막에 존재하는 700만여 개의 원추 세포에 이상이 있어서 색깔을 제대로 구별하지 못하는 유전병이 색맹이다. 대개의 사람들은 세 종류의 원추세포를 지니는데 빨간색 · 녹색 · 파란색의 가시광선을 인식하는 적추체 · 녹추체 · 청추체가 바로 그것이다. 이 세 종류의 원추체 중 하나에 이상이 있어 두 종류의 원추세포만을 가진 이가 색맹이다.

색맹은 선천성 색맹과 후천성 색맹으로 나뉘고, 선천성 색맹은 전색맹과 부분 색맹으로 나뉜다. 전색맹은 특이하게 세 종류의 원추세포에 모두 이상이 생겨 색깔 자체를 인식하지 못하며, 흑백사진을 보는 것처럼 명암이나 농담의 차이로만 사물을 식별할 수 있다. 즉, 색깔은

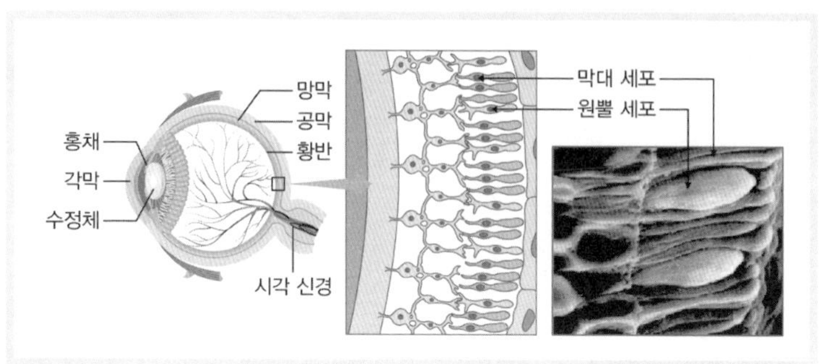

| 눈의 구조

전혀 구별하지 못하고 명암만 분간한다. 전색맹은 원뿔 세포는 기능하지 않고 막대 세포만 기능하는 것으로 여겨진다. 매우 드물게 나타나는 경우로 대개는 약시(弱視)와 함께 나타나며 시력은 0.1 이하다. 부분 색맹은 일정한 색깔(빨간색, 초록색, 파란색)만을 식별하지 못한다. 이상이 생긴 원뿔 세포의 종류에 따라 적록 색맹과 청황 색맹이 있는데, 적록 색맹은 적색맹과 녹색맹으로 세분된다. 빨간색 색맹(적색각 이상)인 사람은 빨간색과 초록색을 구별하지 못하며, 파란색 색맹인 사람은 파란색과 노란색을 구별하지 못한다. 초록색 색맹(녹색각 이상)인 사람은 색 스펙트럼에서 초록색 부분만을 보지 못한다. 적록 색맹은 적색과 녹색을 잘 구분하지 못하는 눈의 이상 질환이다. 사람의 경우 흔히 색맹이라고 할 때에는 부분 색맹을 의미하며, 그중 적록 색맹이 가장 많이 나타난다. 후천성 색맹은 당뇨와 같은 만성 질환, 망막 및 시신경 손상 및 망막 질환에 의해 발생한다. 색상을 감지하는 기능 장애보다는 시력 장애가 더 심각하고, 원인 질환이 치료되면 색상 감지 기능도 회복된다.

색맹은 여성보다 남성에게서 더 많이 관찰되는데(약 20배 정도), 이는 성염색체상에 있는 유전자에 의한 열성 형질 때문이다. 여성의 경우 양쪽 부모 모두에게서 형질을 물려받아 2개의 X염색체에 모두 열성 대립 유전자(색맹 유전자)가 존재할 경우에만 발현된다. 즉, 대립 유전자가 이형 접합일 경우에는 색맹이 되지 않는다. 반면, 남성은 X염색체 상에 하나의 열성 유전자를 가지더라도 색맹이 된다. 따라서 색맹은 여성보다 남성에게서 더 많이 관찰된다.

색맹 유전에서 정상 유전자를 X, 색맹 유전자를 X'라고 하면 유전자형과 표현형은 다음과 같다.

구 분	남자		여자		
유전자형	XY	X'Y	XX	XX'	X'X'
표현형	정상	색맹	정상	정상(보인자)	색맹

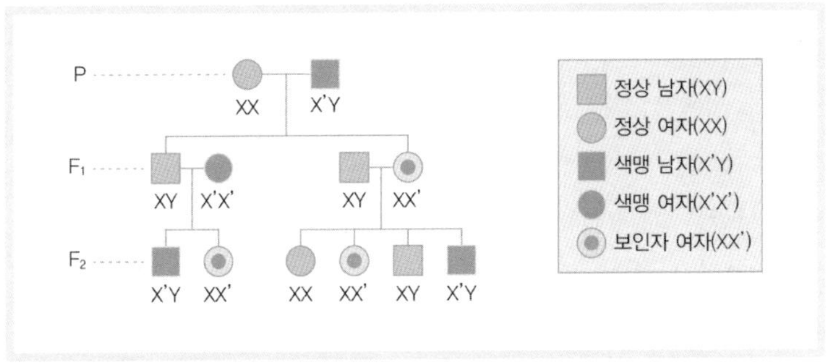

| 색맹 유전의 가계도

아버지의 색맹 유전자(X')는 반드시 딸에게 전달되고, 아들의 색맹 유전자(X')는 반드시 어머니로부터 온 것이며, 여자가 색맹이면 그 아버지나 아들도 색맹이다.

생.
각.
거.
리.

시지각 능력에 따른 구분

한 종류의 원추 세포는 대략 100가지의 농담 차이를 구별할 수 있다. 따라서 세 종류의 원추 세포를 가진 일반인은 100의 3제곱, 즉 100만 가지의 색깔을 구별해낼 수 있다. 그에 비해 두 종류의 원추 세포를 가진 색맹이 구별할 수 있는 색은 100의 2제곱인 1만 가지로 줄어든다. 이처럼 원추 세포가 두 종류밖에 없는 이를 정상인 삼색자(三色者, trichromat)와 구별해 이색자(二色者, dichromat)라고 한다. 거의 모든 동물은 이색자이며, 인간의 색깔 구분 능력과 대적할 수 있는 동물은 새와 자외선 영역을 감지할 수 있는 일부 곤충뿐이다.

그런데 보통사람보다 100배나 많은 색깔을 구별할 수 있는 사색자(四色者, tetrachromat)가 발견되고 있어 화제다. 사색자는 색을 구별하는 원추 세포를 한 종류 더 가지므로 100의 4제곱인 1억 가지의 색깔을 구별할 수 있다.

그럼 사색자의 눈에는 세상이 과연 어떤 색감으로 보일까. 나뭇잎을 볼 때 그저 녹색만 보이지 않는다고 한다. 가장자리를 따라 주황색과 붉은색, 자주색이 보이며, 잎의 그림자 부분에서는 짙은 녹색 대신 보라색, 청록색, 파란색이 보인다는 것이다.

색맹은 색깔 있는 꿈을 꿀 수 있을까?

꿈은 자신의 경험, 기억을 바탕으로 만들어지기 때문에 선천적으로 색을 알아차리지 못하는 색맹은 자신이 본 적 없는 색을 꿈속에서 볼 수 없다. 비슷한 의미에서, 장님 또한 앞을 본 적이 없기 때문에 전혀 모르는 물건이 꿈속에 이미지로 나타나지 못한다.

야맹증은 망막색소변성증의 초기 증상

망막색소변성증은 눈의 망막에 있는 세포가 광수용체의 변성과 손상으로 시작되어 대부분의 망막세포가 변성되어 망막의 기능이 소실되고 실명에까지 이르는 희귀성 유전질환을 말한다. 다양한 유전 형태에 의해서 나타나는 경우가 많으며, 유소아기에서 증상이 나타나기 시작하여 장기간 진행되는 질병이다. 5,000명 중 1명 꼴로 발병하는 것으로 알려져 있다.

망막색소변성증의 형태에 따라 다르지만 초기 증상으로는 어두운 곳에서나 밤에 잘 보지 못하게 되는 야맹증이 있다. 빠를 경우에는 10세경부터 야맹증이 나타나기도 한다. 또한 밝은 곳에서 어두운 곳으로 또는 어두운 곳에서 밝은 곳으로 갑자기 이동하게 될 경우 눈의 적응이 둔해지게 된다. 망막색소변성증이 점점 진행되면 주변부 시야가 좁아져 터널과 비슷하게 가운데만 보이는 터널시야가 되거나 영상이 희미해지고 글을 읽거나 얼굴을 알아보지 못하게 될 수도 있다. 망막색소변성증은 서서히 진행하며 50~60대까지 시력을 유지하는 사람도 있지만 백내장이나 녹내장 등 합병증이 겹치면 더 이른 나이에 시력을 잃는 등 병의 경과는 개인에 따라 달라진다. 특히 망막색소변성증 가족끼리는 비슷한 정도로 병이 진행하는 경우가 대부분이다.

생물 다양성

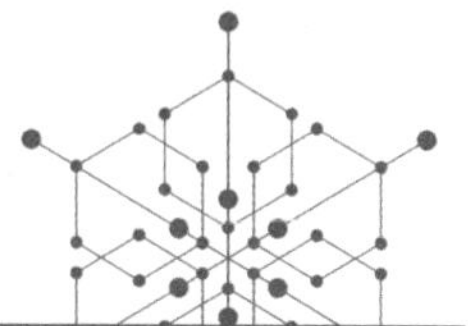

정의 생물 다양성(生物多樣性, biodiversity)은 유전적 다양성, 종 다양성, 생태계 다양성을 모두 포함하는 개념이다.

해설 생태계에는 다양한 생물학적 종이 모여 상호작용을 하며 살아가고 있다. 지구에 약 1,000만 종 이상의 생물이 존재하는 것으로 추정되며, 그중 180만여 종의 생물종이 발견되었다. 이렇게 다양한 생물이 지구상에 존재하는 것은 생태계를 안정적으로 유지하고 보전할 수 있는 밑바탕이 된다.

생물 다양성(biodiversity)은 생물학적 다양성(biological diversity)을 줄인 말로 단순히 생물 종의 수만을 의미하는 것이 아니라 생물이 지닌 유전자(gene)의 다양성, 생물 종(species)의 다양성, 생물이 서식하는 생태계(ecosystem)의 다양성을 모두 종합한 개념이다. 생물 다양성은 생태계의 건강한 정도를 판단하는 지표가 된다.

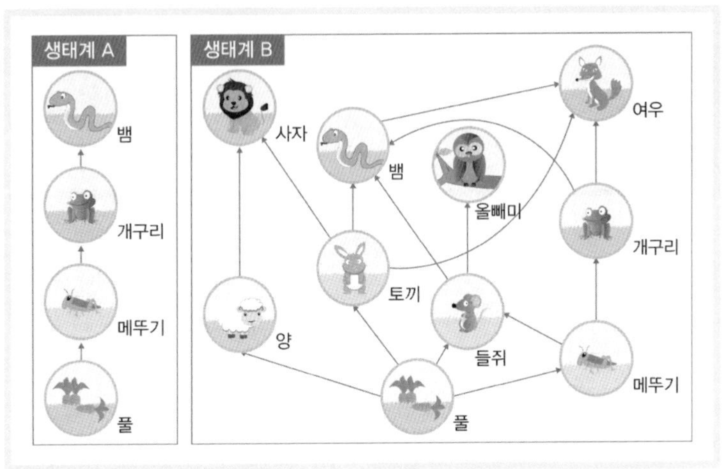

| 생물종 다양성과 먹이 사슬

유전 다양성(genetic diversity)은 어떤 생물학적 종의 개체군이 지닌 유전자의 종류, 종 내의 유전자 변이를 말한다. 한 개체군 내에 다양한 유전자가 있으면 새롭고 우수한 자손을 다양하게 생산할 수 있고 생태계의 환경 변화 시 생존율이 높다. 그러나 유전자가 다양하지 못한 종은 환경 변화에 적응하지 못하고 멸종될 가능성이 크다.

생물 종 다양성(species diversity)은 한 생태계 내에 존재하는 생물의 전체 종수와 종의 균등한 분포 정도를 의미한다. 종 다양성은 단순히 종의 수가 많다고 해서 높은 것이 아니다. 즉, 일정 지역에 다양한 종이(종의 풍부도) 고르게 분포해야(종의 균등도) 종 다양성이 높은 것이다. 지구상에 가장 많은 종을 가진 생물 무리는 곤충으로 알려져 있다. 생물 종 다양성은 인류가 이용할 수 있는 식량 자원의 원천으로서 '식물의 종자 다양성'과도 밀접한 관계가 있다. 종 다양성이 높을수록 먹이 그물이 복잡하게 형성되어 멸종 가능성이 낮아지고 그 결과 생태계의 안정성이 증가한다.

생태계 다양성(ecosystem diversity)은 얼마나 다양한 생태계가 있는지의 정도, 어떤 지역에 존재하는 생태계의 다양함을 의미한다. 생태계의 종류에는 열대 우림, 초지, 습지, 갯벌, 산호초 지역, 사막, 삼림, 호수, 강, 바다 및 농경지 등이 있다. 지구상에 존재하는 생태계는 강수량, 기온, 토양과 같은 환경 요인과 서식하는 생물의 특성 및 상호 작용에 의해 다양하게 나타난다. 생태계가 다양할수록 생물 종의 다양성이 높아진다. 따라서 갯벌처럼 해양 생태계와 육상 생태계가 공존하는 곳은 많은 생물이 서식한다.

생물 다양성이란 다양한 형질(유전적 다양성)을 가진 여러 종(생물종 다양성)이 모여서 다양한 형태의 생태계(생태계 다양성)를 형성함으로써 그 종과 생태계가 알맞은 기능을 담당하며 안정적으로 유지되는 것을 의미한다. 생물 다양성이 낮으면 생태계의 평형이 쉽게 깨져 물질 순환이나 에너지 흐름에 이상을 초래한다.

반면 생물 다양성이 높으면 먹이 그물이 복잡해져 몇몇 종이 사라져도 생태계의 평형이 잘 유지된다. 유전자 다양성은 앞으로 일어날 수 있는 환경 변화에 적응할 가능성을 내재하고 있고, 종 다양성은 인간의 의식주에 필요한 각종 자원들을 공급하는 역할을 한다.

생태계 다양성은 그 존재만으로도 생태적 · 문화적 가치를 지니며, 각 생태계는 제 각기 다른 기능을 함으로써 지구 환경을 안정화시키는데 기여한다. 이처럼 생물 다양성은 인류에게 매우 중요하다. 그런데 최근 경제 개발에 의한 생물 다양성의 파괴에 관한 소식이 잦아짐에 따라 각국은 람사르 협약, 세계유산조약, 워싱턴 조약 등을 통해 생물 다양성 보존을 추구하고 있다.

생. 각. 거. 리.

바나나가 멸종한다고?

최근 유엔 식량농업기구(FAO)가 '바나나 암'으로 불리는 변종 파나마병(TR4)이 중동과 아프리카의 바나나 농장에 급격히 퍼지고 있다고 발표했다. TR4는 바나나 풀(바나나는 나무가 아니라 여러해살이 풀)의 뿌리가 곰팡이에 감염돼 서서히 말라죽는 병으로, 보통 2~3년이면 거대한 농장 전체를 고사 상태로 만든다.

조류 독감, 구제역 등의 전염병이 퍼져도 닭이나 돼지의 멸종 이야기는 없다. 그러나 바나나는 경우가 좀 다르다. 우리가 먹는 바나나는 대부분 '캐번디시' 한 가지 품종뿐이다. 씨를 뿌려서 재배하는 게 아니라 우수한 품질을 가진 바나나 풀의 뿌리나 줄기를 접붙여서 번식시키기 때문에 유전자가 극도로 단순하다. 수만 개의 바나나 풀이 있다 해도 모두 하나에서 나온 복제품이므로 다른 바나나 풀이란 있을 수 없다.

다시 말해 세상에 딱 한 가지 유전자 조성을 가진 바나나만 있는 것이다. 그 유전자 조성에 치명적인 질병이 생긴다면 급속도로 전염될 것이고, 차단도 쉽지 않을 것이다. 실제로 캐번디시 이전에 '그로미셜'이라는 한 종류의 바나나가 거의 대부분을 차지하고 있었는데, 파나마 병이 창궐하여 멸종됐다. 농장들은 다행히 파나마 병에 잘 견디는 새로운 품종(캐번디시)을 개발해 고비를 넘길 수 있었다. 그런데 캐번디시에 치명적인 TR4가 빠르게 확산되기 시작해 제2의 그로미셜 사태, 즉 바나나 멸종에 이를 수 있다는 경고가 나온 것이다. 그래서 서둘러 제2의 캐번디시 품종을 개발할 필요가 있다. TR4는 한번 발병하면 치료가 불가능하므로 전염병에 대비하는 유일한 방법은 새로운 유전자군을 찾는 것뿐이다.

그러나 그 전에 유전자의 다양성에 대해 더 깊이 성찰할 필요가 있다. 자연 상태의 생명체는 여러 유전자들이 끊임없이 섞이고 그 안에서 다양한 변이가 일어나면서 풍부한 유전자 다양성을 확보하게 되어 있다. 그래서 질병이나 가뭄 같은 급격한 환경 변화가 발생하면, 그 변화에 취약한 유전자군은 죽고 이를 이겨낸 유전자 변이 개체만 살아남아 종을 보존한다. 그런데 뛰어난 품질의 동식물을 대량 생산하려는 인간의 욕심 때문에 점점 유전자군이 단순화되고 바나나 멸종 같은 극단적인 사태까지 걱정해야 하는 상황이 된 것이다.

람사르 협약과 워싱턴 조약은 무엇인가?

람사르 협약(Ramsar Convention)은 1971년 이란의 람사르에서 세계 각국 대표들이 모여 습지를 지키기 위해 맺은 협약으로, '물새 서식처로서 국제적으로 중요한 습지에 관한 협약(Convention on Wetlands of International Importance, especially as Waterfowl Habitat)'이 정식 명칭이다. 우리나라는 1997년에 협약에 가입하고 대암산 용늪, 창녕 우포늪, 보성 벌교 갯벌 등을 보호지로 지정하여 보호하고 있다.

워싱턴 조약은 '멸종 위기에 처한 야생 동식물 종의 국제거래에 관한 협약(Convention on International Trade in Endangered Species of Wild Flora and Fauna)'으로 1975년에 발효되었다. 조약의 목적은 야생 동식물의 국제거래를 수출국과 수입국이 협력하여 규제함으로써 멸종 위기에 처한 야생 동식물을 보호하자는 것이다.

생식

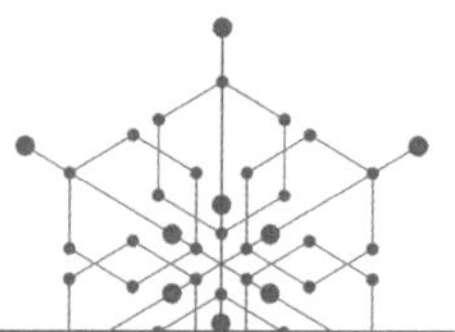

정의 생식(生殖, reproduction)은 생물이 종족 유지를 위해 자손을 만드는 과정을 말한다.

해설 모든 생물에는 각기 정해진 수명이 있고 수명이 다하면 생물은 죽는다. 따라서 종족을 유지하기 위해 살아있는 동안 생식을 통해 자신과 닮은 자손을 남긴다. 생식은 생물이 자신과 같은 새로운 개체를 만들어 종족을 유지하는 현상을 말한다. 생물의 생식은 무생물과 구별되는 중요한 특징 중 하나다. 생식의 종류는 무성생식과 유성생식이 있다.

무성생식(無性生殖, asexual reproduction)은 암수 생식 세포의 결합 없이 일어나는 생식으로, 생물의 몸이 나뉘어 새로운 개체를 만든다. 무성생식을 하는 생물은 대부분 암수가 구별되지 않는다. 무성생식은 살아가기에 적합한 환경에서는 자손의 수를 빠르게 늘릴 수 있지만 주변 환경이 변하면 잘 적응하지 못한다는 단점이 있다. 이는 무성생식에서는 자손이 모체의 유전 물질만 물려받으므로 다양한 형질이 나타나지 않기 때문이다. 무성생식의 종류에는 분열법, 출아법, 포자법, 영양생식 등이 있다.

세균이나 아메바 같은 단세포 생물은 체세포 분열 과정을 통해 개체 수를 늘린다. 대장균은 최적 조건에서 20분마다 세포 분열을 하여 개체 수가 2배씩 늘어난다. 아메바와 같은 단세포 생물은 세포가 둘로 나뉘면서 각각 새로운 개체가 되는데, 이를 분열법(分裂法, fission)이라고 한다. 분열법으로 번식하는 생물은 짧은 시간 동안 많은 수의 자손을 만들 수 있다. 짚신벌레, 유글레나, 종벌레, 나팔벌레, 돌말 등도 분열법으로 번식한다.

출아법(出芽法, budding)은 어버이 몸에 생기는 작은 돌출부(혹)가 원래의 몸에서 떨어져 나와 새로운 개체로 발생하는 생식 방법이다. 출아법으로 번식하는 생물에는 효모, 히드라, 산호, 말미잘 등이 있다.

포자(胞子, spore)는 다른 생식 세포와의 결합 없이 단독으로 싹이 터서 새로운 개체로 발생할 수 있는 생식 세포다. 포자는 작고 가벼워 멀리 퍼져 나갈 수 있으며, 두껍고 단단한 세포벽으로 둘러싸여 있어서 불리한 환경에서도 비교적 오랫동안 견딜 수 있다. 종자 대신 포자를 만들어 번식하는 생식 방법을 '포자법'이라 한다. 양치식물(고사리), 선태식물(이끼), 조류(미역), 균류(버섯, 곰팡이)에서 볼 수 있다.

영양기관은 뿌리, 줄기, 잎과 같이 식물이 광합성을 통해 양분을 만드는 것과 관련된 기관을 말한다. 한편, 꽃, 열매와 같이 자손의 번식과 관련된 기관은 생식기관이라고 한다. 영양생식(營養生殖, somatic reproduction)은 식물의 영양기관의 일부가 새로운 개체로 거듭나는 생식 방법이다. 즉, 영양기관으로 번식하는 것을 말한다. 영양생식은 많은 식물에서 자연히 일어나기도 하지만 농업이나 원예 분야에서 좋은 품종을 보호하고 육성하는 데 많이 이용된다. 감자, 고구마, 딸기는 꽃에서 종자를 만들어 번식할 수 있지만, 영양생식으로 번식하기도 한다.

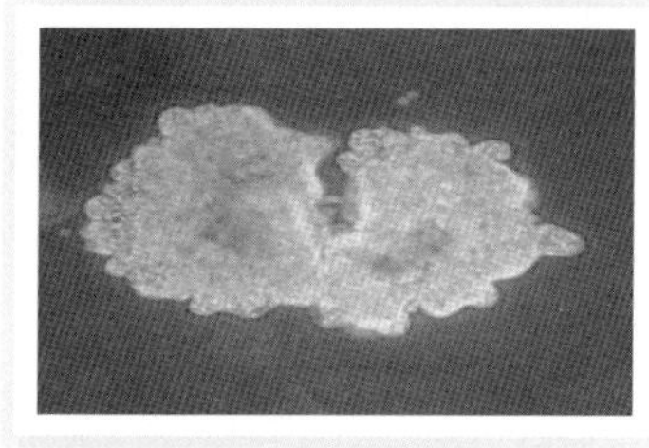

| 분열법으로 번식하는 아메바

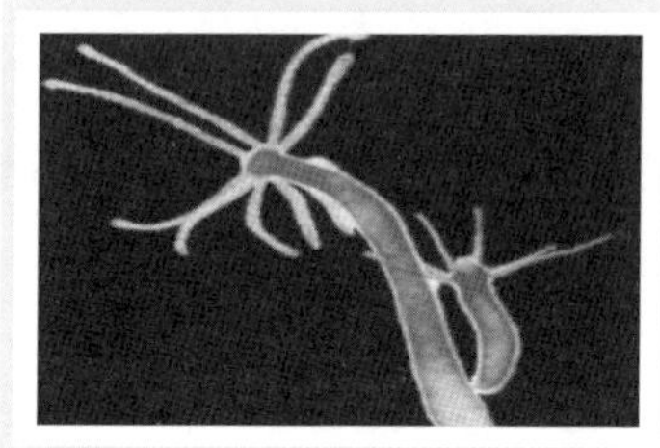

| 출아법으로 번식하는 아메바

| 고사리의 포자낭

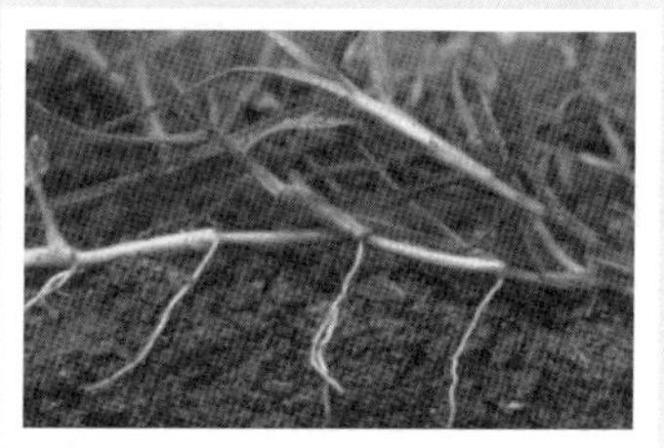

| 줄기로 번식하는 잔디

유성생식(有性生殖, sexual reproduction)은 암수의 구별이 있는 2개의 생식 세포(배우자)가 결합하여 새로운 개체를 만든다. 사람을 비롯한 다세포 생물은 생식기관에서 감수 분열을 통해 생식 세포를 만들고, 이들이 결합한 수정란이 발생하여 새로운 개체가 된다. 대부분의 동물과 종자식물이 유성생식을 한다. 선태식물과 양치식물은 유성생식을 하는 배우체 세대와 무성 생식을 하는 포자체 세대가 교대로 나타나는 세대 교번을 한다.

생. 각. 거. 리.

영양생식에는 어떤 것이 있을까?

자연 영양생식은 자연 상태에서 영양 기관의 일부에서 싹이 터서 새로운 개체가 생기는 방법이다. 딸기 · 잔디 등은 기는줄기로, 감자 · 대나무 · 토란 등은 땅속줄기로, 양파 · 백합 · 나리는 비늘줄기로, 고구마 · 달리아 등은 뿌리로 번식한다. 인공 영양생식은 인위로 식물의 영양기관을 이용해 번식시키는 방법이다. 꺾꽂이는 잎이나 줄기를 잘라 땅에 꽂아 뿌리를 내리게 하는 방법으로 줄기꽂이(개나리), 잎꽂이(베고니아)가 있다. 휘묻이는 원줄기에서 가지를 자르지 않고 땅에 휘게 묻어 뿌리를 내리게 한 다음, 잘라서 옮겨 심는 방법으로 뽕나무, 포도 등이 있다. 포기나누기는 뿌리가 뭉쳐 있는 것을 작은 포기로 나누어 번식시키는 방법으로 국화, 작약 등이 있다. 접붙이기는 대목에 원하는 품종의 접순을 붙여 번식시키는 방법으로 감나무, 귤나무 등이 있다.

정자와 난자의 수정 없이 후손이 탄생한다고?

미래학자들은 그동안 남성 종말 시대, 즉 여성에게 남성이 필요 없는 시대를 예고해왔다. 남성 종말은 두 가지 이유에 근거한다. 하나는 노동의 종말로 인해 남성의 육체적 힘이 별로 필요 없는 시기가 온다는 것이고, 다른 하나는 인공정자 생산으로 인해 여성에게 정자를 공급할 남성이 필요 없게 된다는 것이다. 그러면 인공난자도 만들면 되지 않느냐고 반문할지 모르지만 인공난자를 만드는 일은 과학적으로 거의 불가능하다. 그래서 2세를 만들어 내는 데 남성은 없어도 되지만 여성은 꼭 존재해야 한다.

그러나 최근 쥐 실험을 통해 난자 없이도 2세를 양산할 수 있는 가능성을 보였다. 이 메커니즘은 인간에게도 적용될 수 있다. 난자가 아닌 피부세포로 아기를 만들 수 있다는 내용으로, 그것도 자신의 세포로 가능하다. 여성이 아니라 남성의 세포로도 생물학적 후손을 만들 수 있다는 이야기다. 어떻게 그게 가능할까? 영국(배스 대학 페리 교수 팀)과 독일(레겐스부르크 대학 클라인 교수 팀)의 공동 연구진이 난자 없이 정자만으로 새끼 쥐를 태어나게 하는 데 성공했다고 발표했다. 피부세포를 이용해, 난자와 정자가 서로 수정하는 통상적인 절차를 생략하고 후손을 만들어 내는 기술을 개발했다. 태어난 30마리 쥐는 다른 일반 쥐와 마찬가지로 건강하게 평균 수명을 산 것으로 나타났다. 더구나 이 쥐는 다시 건강한 새끼까지 낳았다. 피부세포는 할머니가 된 셈이다. 이에 앞서 중국 과학자들은 정자 없이 난자만으로 새끼 쥐를 태어나게 하는 데 성공한 바 있다. 그러나 이번 연구는 앞으로 정자는 물론 난자 없이도 동물 생체에서 떼어낸 일반 세포만으로도 새 생명체를 태어나게 할 가능성을 보여준 것이어서 주목된다. 언론들은 이 연구 결과가 멸종 동물 보존과 불임 해결에 도움을 주고, 남성 동성연애자들이 서로의 아기를 갖거나 심지어 자기 자신의 세포만으로 아기를 갖는 것이 가능해졌다고 보도했다. 페리 박사는 "발생학자들은 1827년 난자를 발견했고 50년 뒤 수정 메커니즘을 알아냈다. 이후에 난자와 정자가 합쳐져야만 2세가 나온다는 도그마가 형성됐지만 이번에 우리가 그 도그마에 도전한 것"이라고 설명했다. 수컷과 암컷의 교잡 없이도 후손이 탄생할 수 있다는 점을 강조한 것이다.

꼭 '고래'를 잡아야 할까?

음경(남성 성기)의 귀두는 포피로 덮여 있는데, 이 포피가 귀두에 붙어 젖혀지지 않는 상태를 포경이라 한다. 그리고 이 포피를 제거하는 수술이 포경수술(음경꺼풀절제술)이다. 흔히 "고래 잡는다"고 한다. 선천적으로 포피와 귀두의 일부분은 유착돼 있는데, 음경의 성장에 따라 자연히 조금씩 분리되어 나중에는 완전히 분리된다. 서양 남아는 약 89%가 만 3세 전에 분리가 이뤄지지만, 우리나라 남아는 만 3세까지 약 80%나 분리가 이루어지지 않는다. 그래서인지 서양인의 음경은 대부분 포경수술을 하지 않은 자연그대로의 상태인 반면, 우리나라 남성의 음경은 대부분 포경수술로 귀두가 노출되어 있다. 포경수술을 한 우리나라 남성과 포경수술을 안한 서양 남성 중 어느 쪽이 바람직할까? 포경수술에 대한 찬반논쟁은 여전히 현재진행형이다.

포경수술을 반드시 해야 하는 것은 아니다. 젖혀 보아 귀두 표피가 자연스럽게 벗겨지는 경우 굳이 포경수술을 하지 않아도 된다. 그러나 감돈 포경(포피가 귀두 뒤쪽으로 반전되어 정상 위치로 환원되지 못하는 상태)이거나 빈번한 염증, 포피 분비물의 과다 생성이 일어난다면 반드시 포경수술을 해야 한다. 포경수술로 얻을 수 있는 효과는 성기를 청결히 할 수 있고 구지(smegma, 귀두 포피 내에 하얗게 끼는 것)의 만성자극을 피할 수 있으며, 포피 내의 병원균 번식으로 오는 귀두포피염, 귀두포피의 유착, 상행성 요로감염 및 음경암의 발생을 예방하는 장점도 있다. 그러나 우리나라 남성 말고는 포경수술을 하는 비율이 그렇게 높지 않으며, 발기 시에 귀두가 노출되는 정도라면 굳이 포경수술을 하지 않아도 귀두의 청결은 유지되므로 꼭 포경수술을 할 필요는 없다.

세균

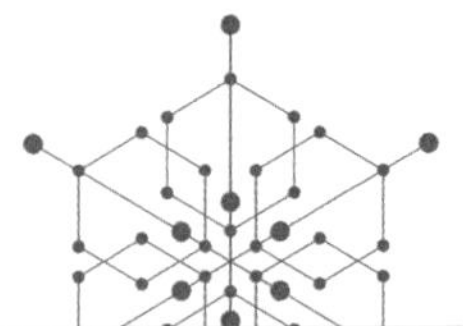

정의 세균(細菌, bacteria)은 핵을 가지고 있지 않은 단세포 원핵생물(原核生物)을 말한다.

해설 세균은 생태계에서 물질 순환에 중요한 구실을 하는 단세포 생물이다. 대부분 인체에 무해하지만 일부 세균은 인체를 포함한 동식물에게 질병을 일으킨다. 질병을 일으키는 세균은 몸속으로 들어가 빠르게 증식하거나 독소를 생산하여 세포나 조직을 손상시키고 파괴하기도 한다.

세균은 하나의 독립 세포로 유전물질인 DNA가 응축된 형태로 세포질에 들어 있다. 즉, DNA가 염색체 구조를 하지 않고 핵막이 없기 때문에 직접 세포질 중에 존재하는 것이다. 핵막뿐만 아니라 미토콘드리아, 소포체 등의 막성 소기관도 없다. 이것이 원핵세포의 특징이다. 많은 세균에서는 주 염색체 외에 플라스미드라고 하는 고리 모양의 DNA를 별도로 가지고 있는데, 플라스미드에는 항생제에 저항성

(내성)을 가지는 유전자가 위치한다. 따라서 항생제를 남용하면 항생제에 대한 저항성을 가진 세균이 증가하여 치료에 어려움이 따른다. 세균은 대부분 펩티도글리칸으로 이루어진 세포벽을 가지며, 일부는 피막에 싸여 있다. 세균 중에는 편모가 있어 운동성이 있는 것이 있고, 숙주 세포에 붙을 수 있는 뻣뻣한 섬유를 가지는 것도 있다.

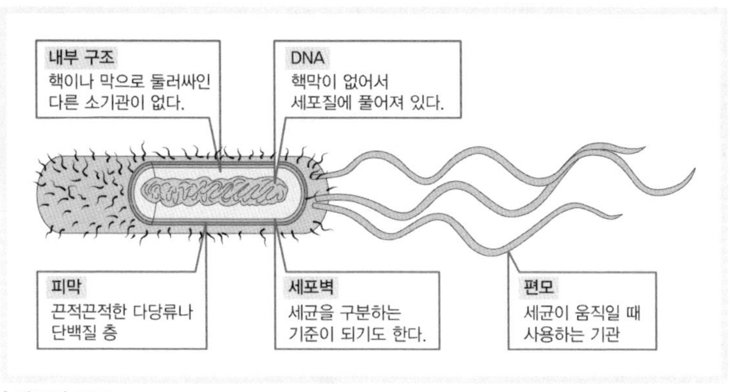

| 세균의 구조

세균은 모양에 따라 구형의 구균, 막대 모양의 간균, 곡선형의 나선균으로 구분한다. 특히 구균 중에서 둥근 공이 연결되어 있는 것처럼 생긴 것은 연쇄상 구균, 둥근 공이 포도송이처럼 모여 있는 것은 포도상 구균이라고 한다.

세균은 환경이 적절하면 이분법으로 빠르게 번식한다. 환경이 좋지 않을 때는 포자를 형성하기도 한다. 번식 속도는 세균마다 차이가 있으나 대부분 35~36℃ 내외에서 가장 빠르다. 최적 조건에서는 10~20분에 한 번씩 분열이 일어난다.

세균으로 발생하는 대표적인 질병은 인두염, 결핵, 식중독, 폐렴, 이질, 위궤양, 콜레라, 장티푸스, 임질, 매독 등이 있다. 어떤 세균은 조직을 파괴해 상처를 주지만 대부분은 세포의 대사를 막는 독소를 생산해 질병을 일으킨다. 세균의 독소에는 외독소와 내독소가 있다. 살아있는 세균이 방출하는 외독소는 독성이 매우 강해서 치명적이다. 파상풍, 보툴리즘, 흑사병, 탄저병이 이에 해당한다. 내독소는 분비되는 독소가 아니라 세균의 세포벽 성분으로 세균이 죽고 난 후 분해되는 과정에서 발열, 구토, 몸살을 일으킨다.

세균에 의한 전염은 음식물의 섭취, 호흡에 의한 흡입, 다른 사람과의 접촉 등 다양한 경로를 통해 발생한다. 첫 감염 환자를 찾아내어 치료하고 전염 경로를 차단하는 것이 질병의 발생을 줄일 수 있는 방법이다. 또, 병원체에 대한 저항력이 약해지지 않도록 건강을 유지하는 것도 필요하다.

생. 각. 거. 리.

식중독균이 피부미용에 쓰인다고?

독일의 시인이자 의사인 케르너(Justinus A. C. Kerner, 1786~1862)는 식중독의 원인이 상한 음식에서 나온 보툴리누스균에서 발생하는 독소라는 사실을 발견했다. 이 발견 이후 100여 년이 지나 시작된 임상실험 결과 안검경련(眼瞼痙攣, blepharospasm)과 사시(斜視, strabismus) 치료에 보툴리누스균의 효능이 입증되었다(보툴리누스균은 근육과 운동신경이 만나는 곳에서 신경 전달 물질을 방해해 근육을 마비시킨다). 이후 제약 회사가 보툴리누스를 보톡스(botox: botulinus와 toxin의 합성)로 지어 불렀다. 그 무렵 안검경련 때문에 보톡스 시술을 받은 환자의 미간 주름이 펴졌다는 이야기를 들은 한 피부과 의사가 보톡스를 미간주름 치료에 사용하기 시작하면서 보톡스는 본격적으로 피부미용 시술에 이용되었다.

파상풍은 어떤 질병일까?

파상풍(破傷風, tetanus)을 일으키는 세균인 클로스트리듐 테타니는 근육의 이완을 막는 독소를 분비한다. 파상풍균은 녹슨 못, 흙, 동물의 배설물, 모래, 나무 등 우리 생활 곳곳에 광범위하게 분포되어 있다. 작은 상처를 대충 소독하고 방치했다가 파상풍균에 감염되면 고열, 경련, 호흡곤란 등의 증상을 보이며 몸의 모든 근육이 수축되어 몸이 비틀리고 심한 경우 사망할 수도 있다. 예방접종을 하지 않은 아이들은 물론 예방접종을 한 어른들도 면역력이 떨어지면 감염될 수 있으며, 아이 때 예방접종을 했더라도 성인용 추가 예방접종을 하지 않으면 역시 감염 위험성이 있다.

패혈증의 예방과 치료 길이 열릴까?

패혈증은 사람이 세균에 감염된 뒤 온 몸에 염증 반응이 나타나는 질병이다. 치사율이 30~70%에 달하는 무시무시한 질병이지만 증상을 완화하는 치료만 가능할 뿐 아직 근본적인 치료법이 없어 문제가 되고 있다.

그런데 KAIST 의과학대 연구진(김호민 교수 팀)이 패혈증을 치료할 수 있는 새로운 가능성을 발표했다. 패혈증의 원인 물질인 내독소가 체내로 어떻게 전달되는지 밝혀낸 것이다. 이 길목을 차단하면 패혈증을 치료할 수 있을 것으로 기대된다.

연구진은 세균의 바깥 세포막에 있는 내독소가 면역세포의 표면에 있는 수용체에 결합해 면역반응을 일으킨다는 사실에 착안해 연구를 시작했다. 내독소가 체내로 많이 들어갈수록 염증반응이 더 많이 일어난 것이다.

하지만 내독소가 우리 몸으로 들어간 뒤 일어나는 반응을 분자수준에서 관찰한 적은 없었다. 김 교수는 “이번 연구는 세균의 내독소가 체내 단백질들과 어떻게 상호작용을 하는지 분자 수준에서 최초로 밝힌 것”이라며 “이를 통해 선천성 면역반응이 일어나는 과정을 이해하고 더 나아가 패혈증 예방 및 치료제 개발에 기여할 것”으로 내다봤다.

박테리아의 눈은 어떻게 생길까?

영국과 독일의 공동 연구진이 박테리아에도 눈이 있다는 새로운 연구 결과를 발표했다. 광합성을 하는 세균인 ‘시아노박테리아’가 사람의 눈과 같이 카메라의 원리로 빛을 인지하고, 그쪽으로 몸을 이동한다는 사실을 담은 논문을 『e라이프』지에 실은 것이다. 남조류(藍藻類)로 불리는 시아노박테리아는 원시 지구에서 광합성을 하면서 지구에 산소를 공급한 세균이다. 이미 시아노박테리아는 빛의 자극을 받으면 빛 쪽으로 향하는 성질, 즉 주광성 생물로 확인됐다.

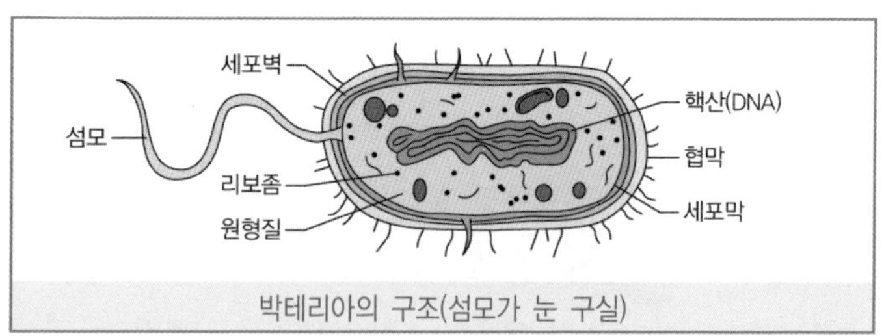

박테리아의 구조(섬모가 눈 구실)

연구진은 이번 연구에서 박테리아 자체가 빛을 모으고 형체를 맺게 하는 카메라와 같은 역할을 한다는 사실을 밝혀냈다. 빛이 박테리아 몸으로 들어가면 반대편의 한 점에 빛이 모이는데, 빛이 모이면 촉수 같은 섬모가 생긴다. 박테리아는 섬모를 이용해 빛 쪽으로 몸을 움직이는 것이다. 박테리아의 몸 자체가 빛을 모으는 렌즈고, 빛이 오는 방향을 감지하는 역할을 한다. 시아노박테리아의 카메라 눈은 진화 계통상 전혀 관계가 없는 종들이 같은 형태로 진화한 수렴진화의 한 예라고 볼 수 있다.

세포막

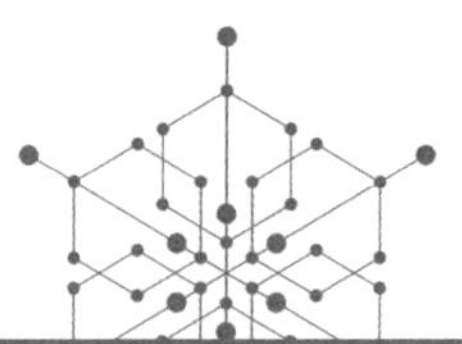

정의 세포막(細胞膜, cell membrane)은 세포의 형태를 유지하는 세포질 바깥을 둘러싸고 있는 막이다.

해설 세포막은 세포 전체를 둘러싸고 얇은 막으로, 세포의 형태를 유지하고 선택적 투과성이 있어 세포로 드나드는 물질 출입을 조절한다. 세포막의 주성분은 단백질과 인지질이며 당지질, 콜레스테롤 등도 포함한다.

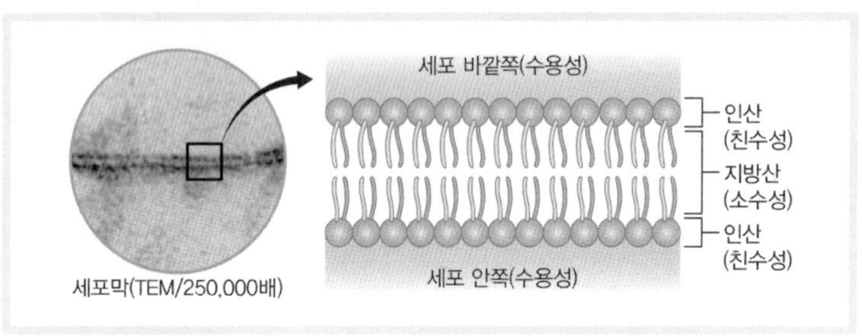

| 세포막

인지질은 중성 지방에서 3분자의 지방산 중 지방산 1분자 대신 인산기가 결합되어 만들어진 물질이다. 머리 부분인 인산과 꼬리 부분인 지방산 2개로 이루어져 있는데 지방산 중 하나가 불포화 지방산으로 탄소-탄소 간의 이중 결합에 의해 분자의 꼬리 부분이 구부러진 모양을 갖는다. 이 모양은 막이 유동성을 갖는 데 중요한 역할을 한다. 인지질의 머리 부분은 친수성을, 꼬리 부분은 소수성을 띤다. 살아있는 세포 안과 밖은 수용성 환경이므로 친수성 머리가 세포막의 양쪽 바깥으로 배열되어 있고, 소수성 꼬리는 서로 마주 보며 배열되어 있는 2중층 구조를 이룬다.

인지질 2중층의 곳곳에는 단백질이 모자이크 양상으로 박혀 있는데, 이를 막 단백질(膜蛋白質, membrane protein)이라고 한다. 막 단백질은 세포막 표면에 붙어 있거나 인지질 2중층에 박혀 있거나 또는 관통하고 있다. 인지질 2중층 바깥쪽에 분포하는 친수성인 외재성 막 단백질은 표재성 단백질, 소수성을 가져 일부 또는 전체가 인지질에 파묻힌 막 단백질은 내재성 단백질, 인지질을 관통하는 막 단백질은 막 관통 단백질(transmembranal protein)이라고 한다. 세포의 종류와 세포막의 각 부분에 따라 막 단백질의 종류와 수는 다르며, 이들은 세포의 여러 가지 기능을 담당한다. 수용체 단백질은 호르몬과 같은 세포 외부의 특정 화학 물질을 인식하여 신호를 전달하고, 효소로 작용하는 단백질은 세포 내부의 물질 대사에 관여하며, 수송 단백질은 막을 통한 물질의 수송에 관여한다. 또 탄수화물이 붙어 있는 일부 막 단백질은 다른 세포를 구별한다.

우리 몸의 세포막은 반투과성 막인 동시에 선택적 투과성 막이다. 지용성 물질은 인지질 사이를 쉽게 통과(확산)하고, 수용성 물질은 수송 단백질을 통해 통과(촉진 확산, 능동 수송)한다. 고분자 물질은 세포막 함입에 의한 내포 및 외포 작용에 의해 세포안팎으로 이동한다.

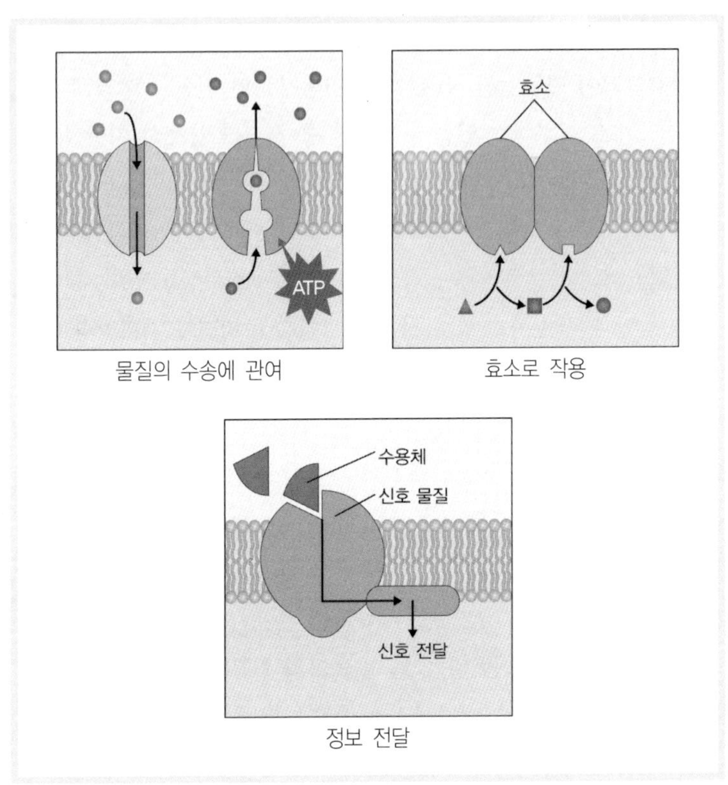

❙ 막 단백질의 기능

막 단백질은 인지질의 유동성 때문에 위치가 쉽게 변한다. 즉, 세포막은 유동성이 있다. 이를 유동 모자이크 막 모형(fluid mosaic model)이라고 한다. 온도가 높아지면 세포막의 유동성은 증가하고, 온도가 낮아지면 세포막의 유동성은 감소한다.

생. 각. 거. 리.

거대(?) 인공세포막이란?

국내 연구진이 현미경으로 관찰 가능할 정도로 커서 실험과 조작이 쉬운 인공세포막을 세계 최초로 개발했다. 비누와 같은 계면활성제를 이용해 수 ㎜ 수준의 거대한(?) 인공세포막을 제작한 것이다. 대부분의 약물이 세포막을 타깃으로 제작되는 만큼 향후 신약 개발에 도움이 될 것으로 기대된다.

세포막은 세포 내외의 물질 교환이나 신호 전달을 담당하는 중요한 역할을 한다. 세포막에 이상이 생기면 암, 치매 등 여러 질병이 발생한다. 세포막의 기능을 명확하게 규명하기 위해 과학계는 인공세포막 제작을 연구하고 있지만, 수 나노미터(1nm는 10억 분의 1m) 두께의 얇은 막이 안정적으로 유지되도록 만들기 어려웠다. 연구진은 계면활성제를 이용해 이 문제를 해결했다. 물방울 표면을 둘러싸는 단일막을 만든 후 이를 다른 곳에 담긴 물 표면의 단일막과 합쳐 세포막과 같은 이중막 구조를 만든 것이다. 이 과정에서 물방울이 물 표면에 완전히 합쳐지지 않도록 계면활성제가 사용됐다.

계면활성제는 세포막이 완성되면 자연스레 빠져나가기 때문에 인공세포막의 물성에 영향을 주지 않는다. 인공세포막을 현미경으로 직접 관찰할 수 있는 수 밀리미터(㎜) 크기의 면적으로 제작한 것은 이번이 처음이다. 연구진은 관찰을 통해 개발된 세포막은 불순물이 끼지 않은 순수한 상태라는 점까지 확인했다. 연구진은 "인공세포막을 이용하면 세포막이 가진 수많은 요소 중 원하는 요소만을 배치하며, 그 기능을 면밀히 관찰할 수 있다"고 했다. 또 "암, 치매를 비롯한 질병 연구의 바탕이 되는 새로운 플랫폼을 제공할 것"이라고도 했다.

생체막이란 무엇인가?

생체막(biological membrane)이란 세포막과 세포 소기관을 감싸는 막을 모두 지칭하는 포괄적인 개념이다. 핵막, 미토콘드리아막, 엽록체막, 소포체막, 골지체막, 리소좀막, 액포막 등을 포함한다.

리포솜이란 무엇인가?

리포솜(liposome)은 세포막의 구성 성분인 인지질을 이용하여 인공적으로 만든 작은 주머니를 말한다. 리포솜을 구성하는 인지질은 소수성 꼬리가 안쪽으로 나열되어 있고 친수성 머리가 세포 바깥쪽을 향하고 있다. 이러한 2중층 형태는 리포솜을 수용액 속에서 안정적으로 유지시키고, 세포와 유사한 공간을 제공한다. 리포솜의 주머니 구조는 생명 현상을 재현시키기 위한 실험에 인공적인 공간으로 활용되며, 비슷한 구조를 띠는 세포막에 잘 융합하기 때문에 백신, 약물, 항체 등을 빠르게 흡수시키는 매개체로도 많이 활용된다.

세포벽

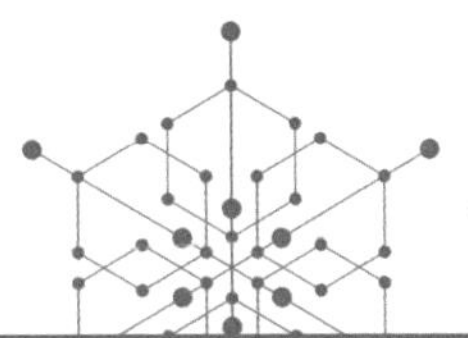

정의 세포벽(細胞壁, cell wall)은 식물뿐만 아니라 원핵생물, 균류, 일부 원생생물의 세포막 외부에 존재하는 보호층 구조를 말한다.

해설 식물 세포는 동물 세포와는 달리 몸을 지지하는 골격 구조가 없다. 따라서 식물을 이루는 각 세포는 세포막 바깥쪽에 세포벽을 형성한다. 식물의 세포벽은 세포막보다 두껍고 단단하며 세포의 형태를 유지시킨다. 세포벽에는 작은 구멍이 있어서 안쪽에 있는 세포막을 통해 물질이 이동할 수 있다. 단, 세포벽은 선택적 투과성을 가진 세포막과는 달리 물질 출입 조절 능력이 없는 전투과성 막이며 지나친 물의 흡수를 방지한다.

식물 세포의 세포벽은 주로 셀룰로오스로 구성된다. 세포벽끼리는 펙틴(pectin)으로 연결되어 있으며 이 펙틴질의 층을 중층이라고 한다. 이처럼 어린 식물의 경우 셀룰로오스와 펙틴으로 이루어진 1차 세포벽이 존재한다. 식물 세포가 성숙하면서 세포막과 1차 세포벽 사이에 리그닌, 수베린, 큐틴 등의 특정 물질이 쌓여 2차 세포벽이 형성된다. 1차 세포벽에 수베린이 첨가되면 코르크화가 되고, 큐틴이 첨가되면 큐티클화(각질화), 리그닌이 첨가되면 목질화가 된다.

균류와 원핵생물도 세포벽을 가지고 있으나 구성 성분이 다르다. 균류는 키틴(chitin)으로 이루어진 세포벽을 가지며, 원핵생물은 펩티도글리칸(peptidoglycan)으로 이루어진 세포벽을 갖는다. 키틴은 아미노당인 글루코사민(단당류)을 단위로 이루어진 다당류로 곤충, 게, 바다가재의 외피 및 균류의 세포벽에서 발견되는 흰색의 딱딱한 물질이다. 펩티도글리칸은 세균의 세포벽에 있는 당단백질로 세균이 강한 삼투압에 견디고 형태를 유지할 수 있는 것은 펩티도글리칸 층이 세포를 둘러싸고 있기 때문이다.

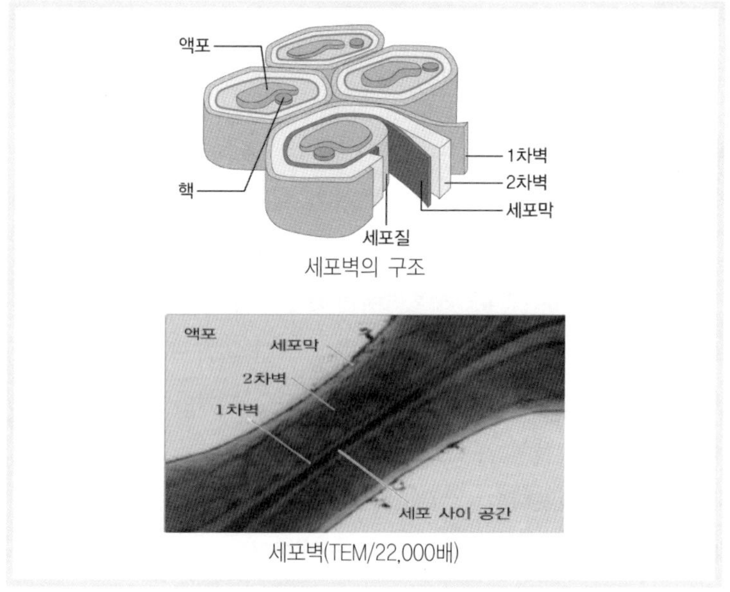

세포벽의 구조

세포벽(TEM/22,000배)

| 세포벽의 구조

생. 각. 거. 리.

세포벽을 연결하는 펙틴의 정체는?

귤을 까면 보이는 하얀 부분에는 식이섬유인 펙틴 성분이 다량 함유되어 있다. 그런데 귤 통조림에는 그 하얀 부분이 왜 없는 걸까?

펙틴은 식물의 세포벽과 세포 간 조직에 들어 있는 수용성 탄수화물로 식물의 열매에서 인접한 세포들의 세포벽이 떨어지지 않고 붙어 있도록 해준다. 그런데 과일을 염산에 넣고 끓이면 펙틴 성분이 제거된다. 통조림 속 귤은 염산 처리 과정과 수산화나트륨으로 중화하는 과정을 거쳐 만들어진다. 열매가 너무 익으면 그 속의 펙틴은 물에 완전히 녹는 단당류로 분해된다. 따라서 지나치게 익은 열매는 물러지고 원래의 모양을 잃게 된다. 상온에 두면 펙틴이 녹아내리는 대표적인 과일로 감이 있다.

식물의 2차벽 성분 중 리그닌의 정체는?

목재는 주로 2차 세포벽인 리그닌(lignin)으로 이루어져 있다. 리그닌은 석탄의 주성분이다. 지구에서 셀룰로오스 다음으로 풍부한 유기물이지만 연료로 쓰이는 것을 빼고는 거의 산업에 쓰이지 못하고 있다. 종이를 만들기 위해서는 목재 속에 들어 있는 리그닌을 없앤 다음 셀룰로오스만 남겨 목재 펄프를 만드는데, 흔히 이산화황, 황화나트륨 또는 수산화나트륨 등의 화학물질로 녹여 낸다. 이 과정에 비용이 많이 든다.

세포벽은 언제 처음으로 관찰되었나?

1665년 영국의 과학자 로버트 훅(Robert Hooke, 1635~1703)이 직접 만든 현미경으로 코르크 조각을 관찰하던 중 수많은 벌집모양의 작은 칸막이로 되어 있는 구조를 보고 '작은 방(cella)'이라는 라틴어에서 따와 '세포(cell)'라고 이름을 지었다. 사실 그는 죽은 세포의 세포벽만을 관찰했다.

식물을 우주로 가져가면 식물의 세포벽은 어떻게 될까?
점점 얇아진다. 중력이 없는 우주에서는 굳이 세포를 지탱할 필요가 없기 때문이다.

소화

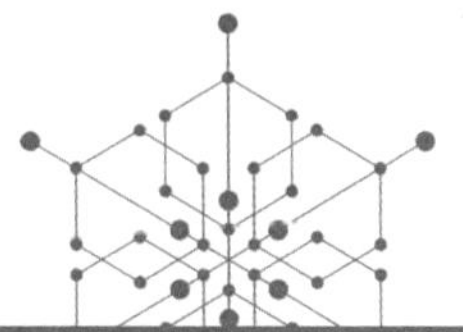

정의 소화(消化, digestion)는 음식물 속 영양소를 체내에서 흡수할 수 있도록 분해하는 작용이다.

해설 사람은 양분을 얻어 살아가는 종속 영양 생물이다. 음식물로 섭취하는 양분(녹말, 단백질, 지방)은 분자의 크기가 커서 소장에 흡수될 수 없다. 따라서 소화기관을 거치면서 작게 분해되어야 하는데, 이러한 과정을 소화(digestion)라고 한다. 소화 과정을 통해 크기가 작아지면 세포막을 통과하여 흡수될 수 있다.

소화에는 기계적 소화와 화학적 소화가 있다. 기계적 소화란 소화효소가 음식물에 최대한 작용할 수 있도록 도와주는 과정으로, 음식물을 잘게 부수어 물리적 크기를 작게 하고, 음식물과 소화액을 골고루 섞어 주는 작용이다. 이로 음식물을 씹는 운동, 음식물과 소화액을 섞는 분절 운동, 다음 소화기관으로 음식물을 이동하게 하는 꿈틀 운동 등이 모두 기계적 소화다. 화학적 소화는 소화액 속의 소화 효소에 의해 고분자 물질을 체내로 흡수 가능한 저분자 물질로 분해하는 화학적 과정이다.

사람이 섭취한 음식물은 입, 식도, 위, 소장, 대장, 항문의 경로를 지나면서 소화액의 작용을 통해 탄수화물은 단당류로, 단백질은 아미노산으로, 지방은 지방산과 모노글리세리드로 분해된다.

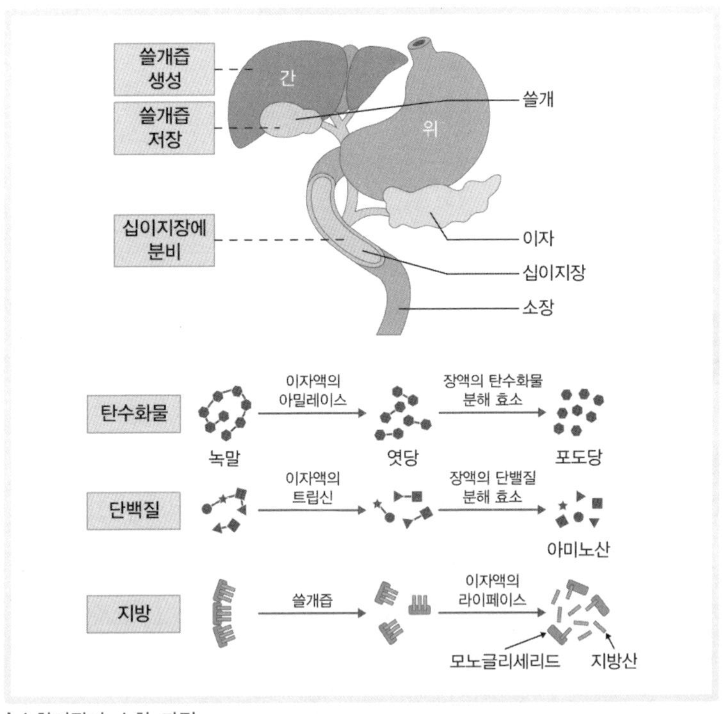

| 소화기관과 소화 과정

입에서는 이에 의해 음식물이 잘게 부서지고, 혀에 의해 음식물이 침과 잘 섞인다. 침에 들어 있는 소화 효소인 아밀레이스(amylase)는 녹말을 엿당과 덱스트린으로 분해한다. 위샘에서 분비된 위액에는 염산과 펩시노겐이 들어 있다. 강한 염산은 살균 작용을 하고, 비활성

상태의 펩시노겐을 펩신으로 활성화한다. 펩신에 의해 단백질은 좀 더 작은 폴리펩티드로 분해된다. 산성 음식물이 위에서 십이지장으로 내려오면 이자액과 쓸개즙이 분비된다. 이자액 속의 탄산수소나트륨은 산성 음식물을 중화하는 역할을 담당한다. 또한 이자액에는 아밀레이스, 트립시노겐, 라이페이스가, 장액에는 말테이스, 수크레이스, 락테이스가 들어 있다. 단백질은 소장에서 트립신과 펩티데이스에 의해 아미노산이 되고, 지방은 라이페이스에 의해 지방산과 모노글리세리드가 된다. 엿당은 말테이스(maltase)에 의해 포도당으로, 설탕은 수크레이스에 의해 포도당과 과당으로, 젖당은 락테이스에 의해 포도당과 갈락토스로 분해된다. 대장에서는 소장에서 흡수되고 남은 물이 흡수된다.

소화된 영양소는 소장 융털의 상피 세포에서 흡수된다. 단당류, 아미노산, 수용성 비타민, 무기 염류와 같은 수용성 영양소는 물과 함께 융털의 상피 세포를 거쳐 모세혈관으로 이동된다. 이들은 간문맥을 통해 간으로 이동해 일부 저장되고, 나머지는 하대정맥을 거쳐 심장으로 간다. 한편 지방산과 모노글리세리드는 융털의 상피 세포로 흡수된 후 다시 지방으로 재합성되어 지용성 비타민과 함께 암죽관으로 이동된다. 그 후 가슴 림프관과 상대정맥을 거쳐 심장으로 들어간다. 심장에서 합쳐진 영양소는 온몸을 순환하며 세포의 생명 활동에 이용된다.

생.
각.
거.
리.

밥을 먹으면 왜 졸릴까?

밥을 먹으면 소화 기관의 활동이 활발해진다. 그 결과 많은 양의 혈액이 다른 기관이 아닌 소화기관으로 모이게 된다. 그래서 뇌로 가는 혈액 양이 줄어들고 뇌는 혈액 속 산소와 영양소를 충분히 공급받지 못해 활동이 둔해지면서 졸리게 된다. 졸음을 쫓기 위해서는 뇌로 가는 혈액량을 늘리면 되는데, 그 방법은 다음 두 가지가 대표적이다. 하나는, 몸을 움직이는 것이다. 몸을 움직이면 심장박동 수가 증가하여 뇌로 가는 혈액 양이 늘어난다. 또 다른 하나는, 혈액순환을 빠르게 하는 카페인이 들어 있는 물질인 커피와 같은 음료를 마시는 것이다.

"간에 기별도 안 간다"는 말은 무슨 의미일까?

간은, 소화된 포도당이 글리코겐의 형태로 저장되었다가 몸이 필요로 할 때 분해되어 다시 나오게 하는 기관이다. 따라서 "간에 기별도 안 간다"는 말은 간에 포도당이 저장될 만큼 충분히 영양분을 섭취하지 못했다는 의미다.

모기에 물렸을 때 침을 바르면 효과가 있을까?

사람의 침은 10가지 이상의 효소, 10여 가지 비타민과 무기 원소, 호르몬, 단백질, 글루코오스, 락트산, 요소 등 여러 화합물이 섞여 있는 혼합물이다. 이 가운데 과산화물을 분해하는 효소 퍼옥시다아제와 비타민C의 소독 효과가 두드러진 것으로 알려져 있다. 한 보고서에 따르면, 침은 단순히 소독작용을 할 뿐만 아니라 곰팡이에 들어 있는 발암성이 강한 아플라톡신B1과 일부 음식물이 탈 때 생기는 벤조피렌 등을 거의 100퍼센트 비활성화시키는 능력이 있으며, 여러 가지 다른 독성 물질도 광범위하게 비활성화시킨다.

방귀를 참으면 정말 병이 될까?

병이 되지는 않는다. 그러나 방귀의 일부 성분은 벤조피렌이나 나이트로자민이라는 발암성 물질이 함유돼 있다. 생리현상을 억지로 참는 것은 장 건강에 좋지 않다. 방귀 성분은 혈액 속에 녹아 콩팥을 통해 오줌으로 배출되고 나머지는 장에서 흡수되어 혈액 속에 녹아 있다가 호흡으로 빠져 나간다. 방귀는 음식물 먹을 때 들어간 공기 70%, 피에 녹아 있던 가스 20%, 음식물이 분해될 때 생긴 가스 10%로 이루어져 있다. 장 속 가스는 질소, 산소, 이산화탄소, 수소, 메탄가스 등으로 이루어진 무색무취의 기체다. 그런데도 방귀에서 냄새가 나는 이유는 수소나 메탄가스가 음식물 속에 포함되어 있는 유황과 세균에 의해 결합되기 때문이다. 이 유황이 독한 냄새를 나게 하는 주범이다. 유황을 포함한 가스가 많을수록 냄새가 많이 난다.

방귀는 유제품이나 콩류를 섭취한 후에 자주 생긴다. 유제품과 콩류가 체내에서 분해되는 효소가 적어 소화가 되지 않는 상태로 대장에 도착하기 때문에 가스가 많이 만들어진다. 반대로 생선이나 상추, 오이, 토마토 등은 비교적 가스를 적게 만든다. 방귀는 전신 마취 후 내장의 움직임을 확인하는 신호다. 전신 마취를 할 때는 연동운동이 거의 중단되기 때문에 마취에서 깨어난 후라도 음식을 소화시키기 어렵다. 그래서 수술환자에게 방귀가 나왔는지 확인하고 식사를 하게 하는 것이다.

심장

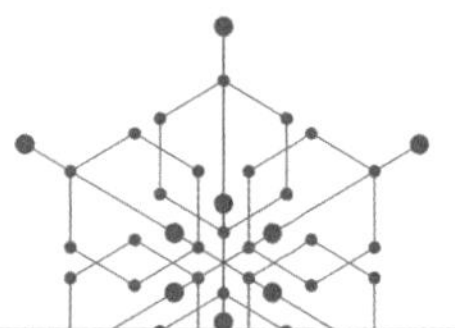

정의 심장(心臟, heart)은 단단한 근육 주머니로 혈액을 순환시켜 온몸에 영양분과 산소를 공급하는 기관이다.

해설 심장은 혈액을 펌프질하여 영양분과 산소를 온몸에 공급하는 기관으로, 혈액순환의 중심이 된다. 사람의 심장은 주먹 정도의 크기로 무게는 250~350g 정도이며, 왼쪽 가슴 아래에 위치한다. 사람의 심장은 2심방 2심실로 이루어져 있다. (참고로, 어류는 1심방 1심실, 양서류는 2심방 1심실, 파충류는 2심방 불완전 2심실, 조류 · 포유류는 2심방 2심실이다.) 심장의 윗부분인 심방은 혈액을 받아들이는 장소, 아랫부분인 심실은 혈액을 내보내는 장소다. 심방과 심실 사이, 심실과 동맥 사이에는 혈액의 역류(逆流)를 막아주는 '판막'이 존재한다. 심장은 전체적으로 두꺼운 근육층(심장근)으로 되어 있으며, 심실 벽의 근육이 심방 벽보다 두껍다. 특히 좌심실은 혈액을 온몸으로 내보내는 일을 담당해야 해서 벽이 가장 두껍다.

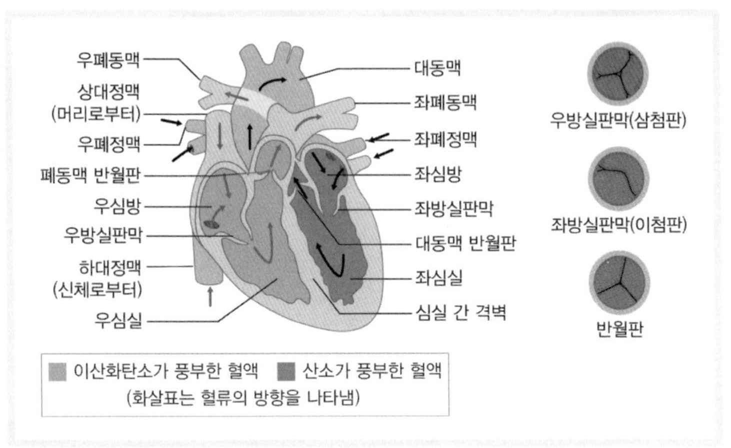

Ⅰ심장의 구조와 판막

심장은 혈액을 순환시키기 위해 주기적으로 수축과 이완을 반복하는데, 이를 박동이라고 한다. 심장 박동에 의해 혈액이 혈관을 따라 온몸을 순환하면서 영양소와 산소를 공급하거나 이산화탄소와 노폐물을 운반한다. 심장 박동은 심장 안의 박동원에 의해 자동으로 일어나지만, 심장 박동의 세기와 속도는 자율신경계에 의해 조절된다. 혈액의 순환 경로는 크게 폐순환(肺循環)과 체순환(體循環)으로 나뉜다. 폐순환은 우심실에서 나간 혈액이 폐에서 이산화탄소를 내보내고 산소를 받아들여 좌심방으로 돌아오기까지의 경로다. 폐에서 정맥혈이 동맥혈로 바뀐다. 체순환은 좌심방에서 좌심실로 내려온 혈액이 대동맥을 통해 온몸으로 나가 조직 세포에 산소를 주고 이산화탄소를 받아 우심방으로 돌아오기까지의 경로다. 조직 세포에서 동맥혈이 정맥혈로 바뀐다.

생.
각.
거.
리.

심장의 '배터리'를 갈아 끼우다니?

드라마 〈응답하라 1988〉을 보면 대사 중에 정봉이의 심장 수술과 관련하여 "지난해엔 판막을 다시 가는 수술이었고 이번엔 배터리만 갈아 끼우면 되는 수술"이라는 대목이 나온다. 갈아 끼워야 할 '배터리'라니? 그게 뭘까?

여기서 배터리란 인공 심장 박동기의 배터리를 말한다. 인공 심장 박동기는 심장 리듬의 이상을 감지하여 심장이 제 시간에 규칙적으로 박동하도록 전기 자극을 보낸다. 이 장치는 봉합된 케이스 내에 컴퓨터 칩과 (비록 크기는 작아도) 오래 지속되는 배터리로 구성되어 있다. 심장 박동기는 수술을 통해 상흉부 또는 복부에 이식된다. 심장 박동기의 수명은 5~10년이며, 배터리 종류, 전기 자극의 빈도, 환자의 건강 상태 및 여러 요인에 의해 달라진다. 배터리를 검사하여 교체 기준에 이를 만큼 소모되었다면 수술을 통해 교체한다.

선천성 심장 질환이란?

선천성 심장 질환(congenital heart disease)은 태어나면서부터 심장의 일부 구조가 비정상적이어서 생기는 질환으로, 심방중격결손(心房中隔缺損, atrial septal defect), 심실중격결손(心室中隔缺損, ventricular septal defect)이 대표적이다.

심방중격결손은 우심방과 좌심방 사이의 벽(심방 중격)의 결손(구멍)을 통해서 혈류가 새는 기형이다. 심실중격결손은 우심실과 좌심실 사이의 벽(칸막이)에 생긴 구멍을 통해 혈류가 지나가는 선천성 심장 질환으로, 20~30%를 차지할 만큼 흔한 기형이며, 신생아에 있다가 몇 달 안에 저절로 막히는 작은 근성부 결손까지 더하면 비율은 훨씬 높아진다.

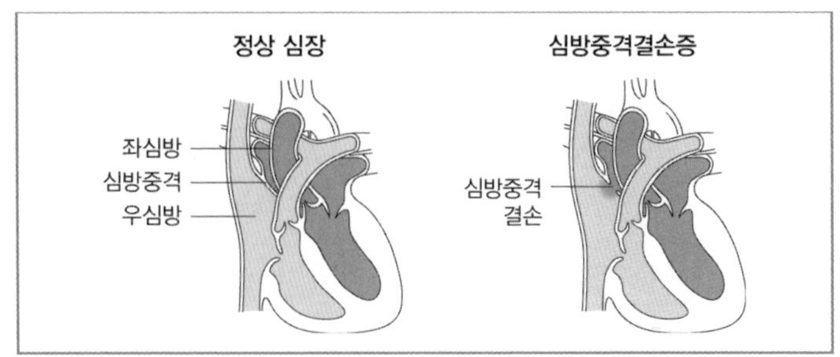

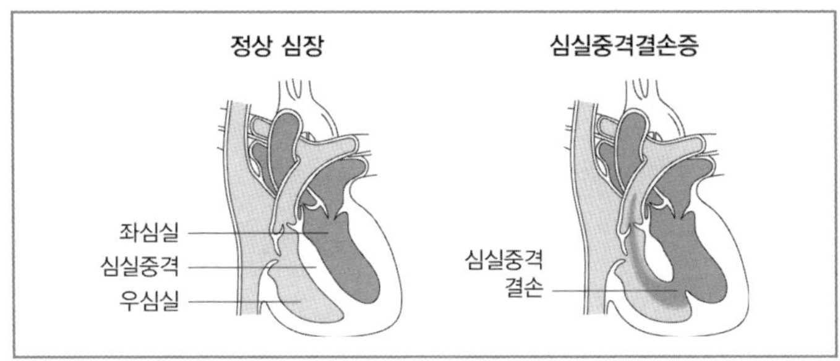

심장 박동이 '규칙적'이라면 좋은 걸까?

정상인과 심장 질환자의 심장 박동 중 어느 쪽이 더 규칙적일까? 뜻밖에도 심장 질환자에 비해 정상인의 심장 박동이 훨씬 '불규칙적'이다. 정상인의 심장은 혈액 공급이 원활하지 못할 때 자동으로 심장 박동 간격을 좁혀서 혈액 공급량을 회복하지만 심장 질환자의 심장은 과거 심장 박동 정보를 기억하지 못해서 제대로 대응하지 못한다. 또한 노화가 진행될수록 심장의 '불규칙성'이 떨어진다. 이로부터 생명체의 유연하고 역동적인 상태가 건강에 매우 중요하다는 사실을 알 수 있다.

인공 심장이란?

인공 심장(人工心臟, artificial heart)은 심장 기능의 일부 또는 전체를 대신할 수 있는 의료 기기로, 크게 '심실 보조 장치'와 '완전 이식형 인공 심장'으로 구분된다. 심실 보조 장치는 좌심실과 대동맥에 각각 구멍을 뚫고 몸 밖에 있는 혈액 펌프에 연결하는 것으로, 혈액의 박출 작업을 도와준다. 한편 완전 이식형 인공 심장은 자연 심장에서 좌우심방과 대동맥, 폐동맥 부위를 잘라낸 뒤 그 자리에 부착시켜 자연 심장의 기능을 대체하는 것이다. 완전 이식형 인공 심장이 최초로 사람에게 사용된 것은 1982년이며, 미국인 치과의사 클라크의 생명을 112일 동안 유지시켰다. 또한 1985년 인공 심장을 이식받은 미국인은 수술 후 퇴원해 620일 동안 생존함으로써 인공 심장의 신기원을 열었다.

혈압과 맥박은 어떻게 다를까?

혈압은 심실의 수축으로 밀려나온 혈액이 혈관 벽에 가하는 압력이다. 심실에서 가까울수록 혈압이 높다. 맥박은 심장 박동이 혈액을 통해 동맥으로 전달되어 나타나는 혈관 벽의 진동으로, 맥박수는 심장 박동 수와 같다.

심장 질환의 종류

심장판막 질환(心臟瓣膜疾患, valvular heart disease)은 심장에 존재하는 4개의 판막 기능에 이상이 생기는 것이다. 흔히 문제가 되는 부위는 승모판막와 대동맥판막 두 곳이다. 심장판막 질환은 선천적인 경우는 매우 드물고 대개는 정상이던 판막이 후천적으로 구조상의 병변이 발생하여 기능 장애를 초래하는 것이다. 예를 들면, 가장 흔한 원인으로 초·중등학교 시절 목감기의 후유증으로 류마티스열을 앓고 난 뒤 심장판막이 망가지는 경우가 있다. 이때 가장 흔한 증상은 호흡곤란이며, 가래와 기침이 심해져 흉통을 느끼기도 한다.

부정맥(不整脈, arrhythmia)은 심장 내 전기 자극이 잘 만들어지지 못하여 심장 박동이 불규칙해지는 질환이다. 서맥(徐脈) 부정맥 질환과 빈맥(頻脈) 부정맥 질환이 있으며, 최근에는 심방세동(心房細動)이라는 부정맥 질환이 증가하는 추세다. 모든 심장 질환은 부정맥의 원인이 된다. 부정맥의 대표적인 증상은 어지러움, 피로, 실신, 가슴두근거림이다. 부정맥은 심전도 검사를 통해 발견할 수 있다.

심부전(心不全, heart failure)은 관상동맥 질환, 판막 질환 등 대부분의 심장 질환의 말기에 심장의 기능이 저하됨으로써 나타나는 질환으로, 혈액을 온몸으로 잘 내보내지 못하거나 심장에 혈액을 잘 공급하지 못한다. 호흡 곤란이 오고, 가슴이 두근거리며, 두통과 불안감이 나타나고, 정신이 혼미해진다.

알레르기

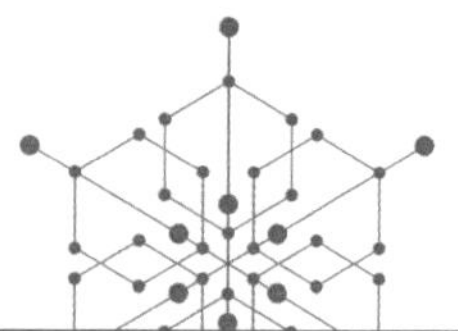

정의 알레르기(allergie)는 보통 아무 해가 없는 물질에 대한 면역계의 과민반응으로 나타나는 질환을 의미한다.

해설 알레르기는 꽃가루나 동물의 털과 같이 보통 항원으로 작용하지 않는 물질이 인체에 들어왔을 때 체내에서 항원으로 인식하여 면역반응을 일으키는 현상이다. 즉, 병원체가 아닌 물질이 체내에 들어왔을 때 이를 병원체로 인식하여 면역반응을 일으키는 일종의 과민증(hypersensitivity)이다. 알레르기 반응을 일으키는 물질(알레르기 항원)을 알레르겐(allergen)이라고 하며, 꽃가루, 동물의 털뿐만 아니라 먼지, 음식물 속 특정 단백질, 집 먼지 진드기, 특정 약물, 염색약, 복숭아 껍질, 새우 껍질 등 다양하다. 선진국에 사는 사람들 중 10~40%가 하나 이상의 항원에 대한 알레르기를 갖고 있다고 한다.

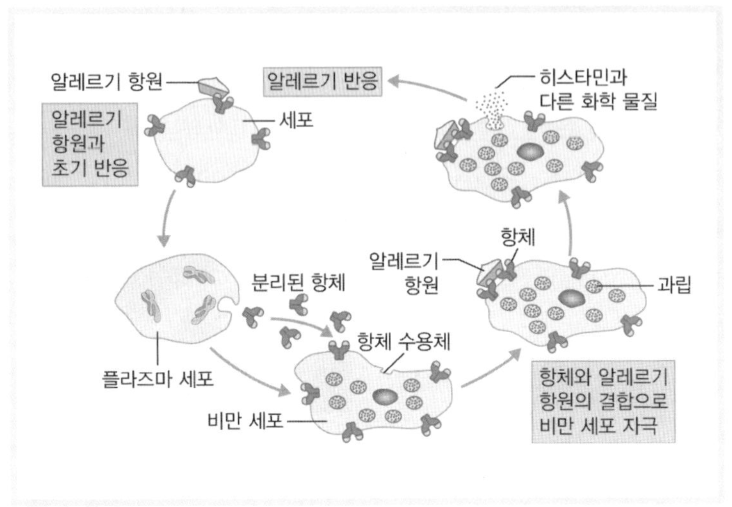

| 알레르기 반응

알레르기 반응은 비만 세포에 결합하고 있는 항체에 의해 일어난다. 알레르겐이 처음 체내로 들어오면 항체가 만들어져 비만 세포(mast cell)에 결합한다. 이후에 같은 항원에 다시 노출되면 항원은 항체의 항원 결합 부위에 결합하여 근처 항체들을 뭉치게 한다. 이처럼 항체들이 뭉치면 비만 세포에서는 히스타민, 헤파린과 같은 화학물질을 분비하여 혈관을 확장시키고 모세혈관에서의 물질 투과성을 증대시킨다. 또한 근육을 수축시키고 점액의 분비도 증가시킨다. 이에 대한 결과로 두드러기, 가려움, 콧물, 재채기, 눈물, 호흡곤란 등의 전형적인 알레르기 증상이 나타난다. 대다수 알레르기 증상은 히스타민으로 나타나기 때문에 항히스타민제가 알레르기를 완화시키는 데 도움이 된다.

알레르기 반응은 알레르겐이 들어온 후 반응이 나타나는 시간에 따라 즉시형 알레르기와 지연형 알레르기로 구분된다.

항원–항체 반응(B세포 반응의 생성물)의 결과인 즉시형 알레르기 반응은 3가지 기본형으로 분류된다. 심각하거나 때로 치명적인 I 형 알레르기 반응은 유전적 소인으로 결정된다. II형 반응은 특정 표적세포에서 발견되는 항원과 항체가 반응할 때 일어나는 결과다. III형 반응은 특정 항원에 매우 민감한 사람이 항원에 계속 노출되었을 때 생긴다. 즉시형 알레르기에는 알레르기성 비염, 결막염, 알레르기성 천식, 아나필락시스(anaphylaxis) 등이 해당된다.

지연형 알레르기 반응은 T세포 반응으로 발생하고, 이는 항원이 있는 위치에 축적되는 시간이 B세포보다 더 오래 걸린다. 일반적인 지연형 알레르기 반응은 접촉피부염이다. 이식한 기관의 거부반응도 T세포에 의해 중개되고 따라서 지연형 알레르기 반응의 하나로 간주되기도 한다. 결핵의 감염 여부를 테스트하는 투베르쿨린 피부 반응 검사 등도 여기에 해당한다.

모든 질환이 그렇듯이 알레르기 또한 발병 후 치료보다 예방이 중요하다. 알레르기를 일으키는 물질의 유입을 막는 것이 가장 좋은 예방법이다. 항히스타민제는 알레르기로 인한 일시적인 고통을 완화시킨다. 또 다른 유용한 방법은 탈감작((脫感作, desensitization)으로, 환자에게 알레르기 반응이 일어나지 않을 때까지 항원을 점차로 늘려가면서 일정 기간 이상 주입시키는 것이다.

생. 각. 거. 리.

뱀파이어 증후군 '포피리아'란 무엇일까?

소설이나 영화 속에서만 보던, 우리에게 익숙한 '뱀파이어'는 음습한 곳에서 살기 때문에 피부가 창백하고 얼굴에 핏기가 없다. 신화 속 드라큘라로 대표되는 흡혈귀는 햇볕을 받으면 타서 사라지고 피부가 창백하며 피를 빨기 위해 송곳니가 발달해 있다. 이런 뱀파이어의 특성이 그대로 나타나는 질환이 '뱀파이어 증후군'이다.

뱀파이어 증후군은 햇빛을 받으면 피부에 물집이 잡히고 피부색이 창백해지며 잇몸이 붓거나 괴사해 삐죽하고 날카로운 치아 모양이 나타나는 증상을 보인다. 누군가에게는 따스하고 반가운 햇볕이 누군가에게는 고통스럽고 두려울 수밖에 없는 것이다. '뱀파이어 증후군'이라는 이름이 붙여진 이 질환의 정식 명칭은 '포피리아(Porphyria)'이다.

뱀파이어 증후군은 햇빛이 주는 자극에 피부가 신경질적으로 반응하는 햇빛 알레르기의 일종이다. 적혈구를 형성하는 헤모글로빈의 원료인 헴(heme) 단백질이 합성되는 과정에서 필요한 효소가 부족해 정상적인 헴이 만들어지지 못하고 중간 과정 물질들이 쌓이면서 발생한다. 전 세계에서 7,000여 명이 앓고 있는 국제적 희귀병인 뱀파이어 증후군은 대부분 선천적으로 발생하는 유전 질환이지만 납중독 등에 의해 후천적으로 발생하는 경우도 있다. 이 질환을 앓게 되면 불안, 초조, 불면 등의 심리적 행동 변화는 물론이고 자율신경계나 감각운동 신경계에서도 질환 증상이 나타난다. 가장 흔하게는 복통이 일어나며 등과 팔다리 통증도 같이 나타나는 경우가 많다. 증상이 더 악화되면 호흡마비나 의식 혼돈 또는 경련이 나타나기도 하며 자율신경계의 이상으로 심장

정지가 일어날 수도 있다. 피부질환도 흔히 나타난다. 햇볕에 노출된 이후 피부가 과도하게 벗겨진다거나 물집이 생기고 털이 비정상적으로 많이 자라나기도 하며 피부 증상과 함께 간병증이 나타나기도 한다.

현재까지 뱀파이어 증후군의 치료 방법은 정확하게 개발되지 않은 상황이다. 다만 증상 악화를 막기 위해 일정하게 체온을 유지시켜주는 것과 적당한 수분을 공급해주는 것이 최선의 방법이다. 일상 속에서도 증후군 발병에 위험한 요인들을 조절해 급성 증상의 발생과 악화를 막을 수 있으며 피부 증상을 줄이기 위해서 최대한 햇볕 노출을 줄여야 한다.

아나필락시 쇼크란 무엇일까?

아나필락시 쇼크(anaphylactic shock)는 즉시형 알레르기(I형 알레르기) 반응으로, 인체 전체에 영향을 미치므로 매우 위험하며 치명적이다. 페니실린 등의 약품, 견과류 및 조개류와 같은 음식, 곤충의 독에 의해 발생한다. 아나필락시는 극소량의 항원과 접촉해도 일어날 수 있고, 아토피성 피부염이 있던 사람에게 더 자주 발생한다. 증상으로는 가려움, 경련이나 부어오름으로 인한 호흡곤란, 피부 조홍, 혈압 저하, 구토나 위경련 및 의식불명 등이 있다. 치료는 발병 후 수 분 이내에 에피네프린 주사를 맞아야 한다. 벌에 쏘이면 혈압이 급강하하고 심장 박동이 멈추어 결국 사망하는 경우가 아나필락시스 쇼크의 한 예다.

봄철 거리에 날리는 흰 솜털은 알레르기를 일으킬까?

봄철에 날리는 흰 솜털은 꽃가루가 아닌 나무 씨앗으로 눈과 코에 자극을 주지만 알레르기를 일으키지는 않는다. 알레르기 질환을 일으키는 꽃가루는 눈에 보이지 않으며, 바람을 타고 수백 킬로미터씩 날아간다. 그러니 주위에 나무가 없어도 꽃가루 알레르기가 생기는 것이다.

그것과는 상관없이 최근에 알레르기 환자가 늘고 있는데, 그 이유로 서구화된 생활환경을 들 수 있다. 알레르기를 일으키는 집 먼지 진드기의 가장 좋은 서식 환경(온도, 습도)은 응접실의 카펫, 침실의 이불, 요, 매트리스, 베개, 커튼 등과 같은 섬유 제품부터 옷가지와 봉제 인형 등이 있다.

항히스타민제는 어떤 작용으로 알레르기 증상을 완화할까?

항히스타민제는 히스타민이 조직에 있는 수용체에 결합하는 것을 막아 염증과 알레르기 증상을 완화한다. 인체에는 H1, h3, h4의 3가지 히스타민 수용체가 있는데 혈관확장, 혈관 투과성 증가는 H1과 h3, 수용체 기관지 수축과 가려움증은 H1, 수용체 위산 분비는 주로 h3 수용체를 통해 일어난다. 따라서 알레르기 질환 치료는 H1 수용체의 작용을 억제하는 약물(H1 수용체 길항제)이 사용되어 왔는데, 졸음이 오는 것 외에는 별로 부작용이 없는 약제다.

암

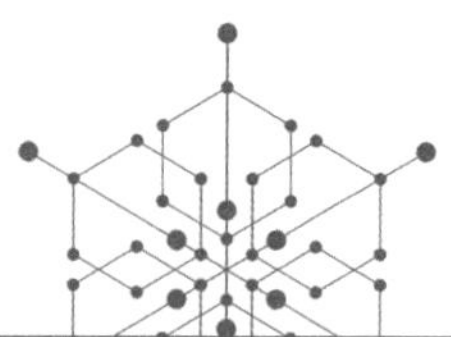

정의 암(癌, cancer)은 세포 주기 조절에 이상이 생겨 정상 세포가 무한정 분열하는 세포로 변해 신체 조직에 비정상적으로 자라난 악성 종양이다.

해설 한국인 사망 원인 1위는 암으로, 암 발생률과 암 사망률이 해마다 증가하고 있다. 암이란 무엇일까?

세포는 세포 주기에 따라 분열 및 성장 과정을 거치며, 수명이 다하면 스스로 죽는다. 그러나 여러 가지 유전적 요인과 노화, 바이러스, 발암 화학물질, 방사선, 지속적 자극 및 손상, 바이러스 등의 환경 요인에 의해 세포 주기의 조절 기능에 문제가 생기면 정상 세포가 비정상 세포로 전환된다. 비정상 세포는 정상 세포와는 달리 특정한 세포로 분화되지 않으며 영양분 공급이 계속되기만 하면 무한정 분열한다. 그 결과 주변 조직 및 기관에 침입하거나 다른 기관으로 퍼져나가 종양을 형성해 생명에 치명적인 영향을 미친다.

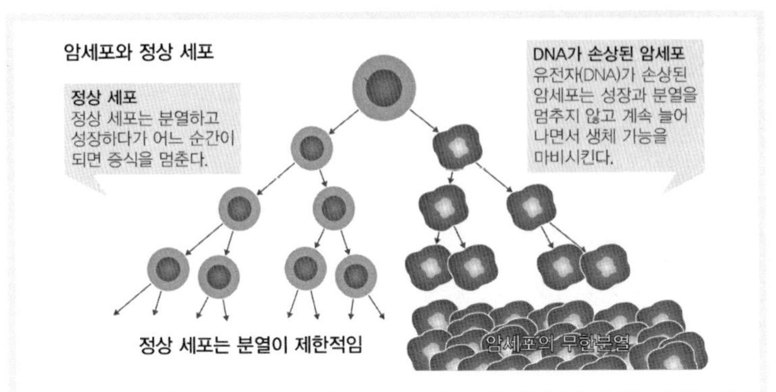

| 정상 세포와 암세포의 세포 분열 비교

비정상 세포가 무절제하게 증식하여 형성한 세포 덩어리를 종양(tumor)이라고 한다. 종양은 양성 종양(benign tumor)과 악성 종양(malignant tumor)으로 나뉜다. 양성 종양은 비교적 성장 속도가 느리고 전이(轉移)되지 않으며 수술로 제거하면 재발은 거의 없다. 반면 악성 종양은 일반적으로 '암'이라고 부르는데, 성장 속도가 빠르며 주위 조직으로 침투해서 전이에 의해 몸 전체로 퍼질 수 있다. 증식력이 강하고 전이성이 높아 생명을 위협하는 암은 저절로 없어지는 경우가 드물며 수술 후에도 재발이 가능하다.

정상 세포와 암세포는 어떤 차이점이 있을까? 정상 세포는 정상적인 핵을 지니며 특수한 기능을 하는 세포로 분화하는 반면 암세포는 비정상적인 핵을 지니며 특정한 세포로 분화하지 않는다. 정상 세포는 세포 분열을 촉진하는 물질이 있을 때에만 세포 주기가 진행되지만, 암세포는 세포 주기의 조절에 이상이 생겨 세포 분열을 촉진하는 물질에 관계없이 세포 주기가 무한정 반복된다. 정상 세포는 밀도 의존성 억제를 보이지만 암세포는 밀도 의존성 억제를 보이지 않는다. 즉, 정상 세포는 접촉 시 세포 분열이 억제되고 구조화된 단일층을 형성하지만 암세포는 접촉해도 세포 분열이 억제되지 않으며 구조화되지 않고 여러 층을 형성한다. 암세포는 과도하게 분열하여 혈관이나 림프를 통해 다른 조직으로 전이되기도 한며 혈관을 새로 생기게 한다. 이렇듯 암세포는 핵산 복제 능력, 증식력 및 주위 조직 파괴력 등이 정상 세포보다 뛰어나다. 이러한 암세포의 특성은 세포 주기를 조절하는 신호를 무시하기 때문인 것으로 알려져 있는데, 많은 암세포에서 세포 주기를 조절하는 유전자 이상이 발견된다.

생. 각. 거. 리.

남성도 유방암에 걸릴까?

그렇다. 2016년 가을 현재 한국에서 가장 유명한 남성 유방암 환자는 SBS 드라마 〈질투의 화신〉의 주인공 이화신 기자다. 이 드라마를 통해 남성도 유방암에 걸릴 수 있다는 사실이 널리 알려졌다. 남성 유방암은 왜 생기는 걸까?

수유를 하는 여성의 유방과 달리 남성에겐 특별한 기능이 없지만 유두가 있다. 함몰 유두, 여성형 유방증 등은 현대 남성의 고민거리다. 유방과 관련해 가장 심각한 질환인 유방암 역시 피할 수 없다. 남성 유방암은 전체 유방함 환자의 0.5~1%에 불과하지만 그 수가 점차 늘고 있다. 한국은 지난 2006년 376명이던 남성 유방암 환자가 지난해에는 505명에 이르러 꾸준히 늘고 있다. 미국의 경우 진단 환자가 한 해 2,000명이 넘고 그중 440명이 사망에 이른다. 남성의 경우 유방암에 대한 인식이 낮다보니 암의 조기 발견이 어려워 예후도 좋지 않다.

남성 유방암은 왜 생기는 걸까? 우선 가족력이 있는 경우가 문제다. 유방암을 일으키는 유전자 돌연변이로 BRCA(BRest CAncea susceptility)가 있다. 배우 안젤리나 졸리가 유방 절제술을 받으며 널리 알려진 BRCA 유전자에는 BRCA1과 BRCA2 유전자가 있다. BRCA1은 17번 염색체에, BRCA2는 13번 염색체에서 존재하는데 이 유전자에 변이가 생기면 유방암이나 난소암 발병 확률이 높아진다. 특히 BRCA2 유전자 돌연변이를 가진 남성은 유방암에 걸릴 위험이 일반인의 최고 100배에 이른다. 남성 유방암 환자의 약 20%는 직계 가족 중 여성 유방암 환자가 있다.

호르몬 불균형도 주요한 원인으로 지목된다. 혈중 여성 호르몬이 증가하는 유전병에 걸리거나 남성 호르몬이 줄어드는 노년기에 발생할 위험이 크다. 남성 유전병의 하나인 클라인펠터 증후군(Klinefelter syndrome)을 가진 사람은 유방암에 걸릴 확률이 최고 50배나 높다고 한다. 이 증후군은 X염색체를 2개 이상 더 보유하게 되는 경우 생기는데, 작은 고환과 여성형 유방이 특징으로 나타난다. 탈모나 전립선암을 치료하기 위해 남성 호르몬을 억제하는 경우도 여성 호르몬 비율이 높아져 남성 유방암을 증가시키는 원인이 될 수 있다. 만성적인 간 질환이나 간 기능 저하도 원인이 될 수 있다. 간 기능에 장애가 생기면 체내 여성 호르몬 농도가 증가하기 때문이다.

남성 유방암은 대개 유두 주변에서 통증이 없는 단단한 혹이 만져지는 것이 특징이다. 양쪽 유방 모두 만져지는 혹은 여성형 유방인 경우가 많지만, 한쪽에서만 만져지거나 가족력이 있는 경우, 나이가 60대 이상인 경우는 암을 의심해볼 수 있다. 또 유두에서 피나 분비물이 나오는 경우도 있다. 유방의 크기나 모양이 변하고, 간지럽거나 분비물이 많아지는 등의 증상이 있으면 병원을 찾아 진단을 받아야 한다.

드라마는 유방암 검사의 고통을 격렬한 영상으로 소개했다. 토마토가 으깨지고 호두의 껍질이 쪼개지는 영상과 주인공의 연기는 유방암 검사를 해본 여성들에겐 공감을, 남성들에겐 대리 경험으로 충분했다. 암을 조기에, 더 간편하게 진단하는 방법은 다각도로 연구되고 있다. 혈액이나 머리카락 등을 통한 진단법이 나온다는 연구 소식이 종종 들려온다. 눈물도 유방암 진단 방법으로 연구되고 있다. 지난 2000년 호주 시드니 뉴사우스웨일스 대학 연구진은 눈물 속에 지표가 되는 단백질의 함유 여부로 유방암과 전립선암을 진단할 수 있다고 밝힌 바 있다. 혈액의 여과물인 눈물은 혈액 성분을 상당히 함유하고 있기 때문에 가능한 일이다.

잠을 못 자면 왜 암 발병률이 높아질까?

숙면을 하지 못하면 암 발병률이 높아진다는 사실을 국내 연구진이 규명했다. 김재경 KAIST 연구진(수리과학과 김재경 교수 팀)은 미국 버지니아 공대와 공동으로 인체 내 암을 억제하는 유전자의 양이 24시간 주기로 변화하는 원리를 밝혀냈다고 밝혔다. 생체시계는 우리 몸속의 24시간 주기를 조절하는 시스템이다. 밤이 되면 '멜라토닌'이란 호르몬이 분비돼 잠이 오는 것이 대표적인 사례다. 만성적 야근, 교대 근무 등으로 생체시계가 혼란을 일으키면 당뇨, 암, 심장병 등에 걸릴 확률이 높아진다.

연구진은 선행 연구를 통해 암 억제 유전자인 'p53'의 양이 항상 일정하지 않고 24시간 주기로 변화한다는 것을 밝혀냈다. 그러나 그 원리는 명확히 밝혀지지 않았었다. 연구진은 뇌에서 생체시계를 관장하는 'Period2' 단백질이 p53 농도와 관련이 있다는 것을 처음으로 확인했다. Peroid2 단백질이 p53 단백질 분해를 막는다는 것을 수학적으로 예측하고 실험한 결과, 실제로 세포질에서 Period2의 양이 많아지면 p53의 양이 적어지고, 세포핵에서는 Period2의 양이 많아질수록 p53의 양도 증가한다는 것을 확인했다. 생체시계에 문제가 생겨 Period2의 단백질이 제대로 작동하지 않으면 암이 생길 수 있다는 것이다. 김 교수는 "그간 항암제들이 투약 시간에 따라 치료 효과가 달라졌던 원인 역시 이번 연구 성과로 설명할 수 있다"며 "최적의 투약 시간을 찾는 데 활용할 수 있을 것"이라고 밝혔다.

한국의 연령별 암 발생 순위와 암환자 5년 상대 생존률

■ 연령별 암 발생 순위

순위	15~34세		35~64세		65세 이상	
	남	여	남	여	남	여
1	갑상선	갑상선	위	갑상선	폐	대장
2	대장	유방	대장	유방	위	위
3	백혈병	자궁경부	간	위	대장	폐
4	림프종	위	갑상선	대장	전립선	갑상선
5	위	난소	폐	자궁경부	간	간

▲
자료: 2011 국가암등록 통계
▼

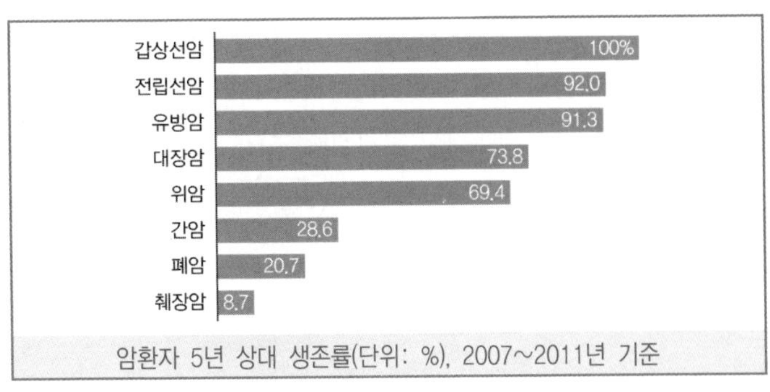

암환자 5년 상대 생존률(단위: %), 2007~2011년 기준

염색체

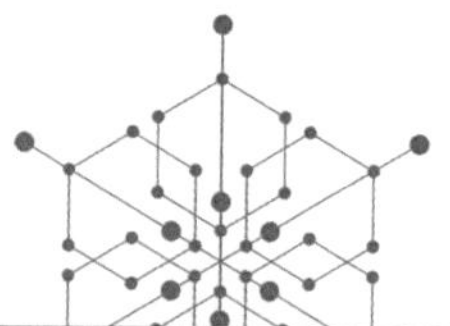

정의 염색체(染色體, chromosome)는 세포 분열 시 핵 속에서 관찰되는 DNA와 단백질로 구성된 물질을 의미한다.

해설 19세기 중반에 세포를 염색액으로 처리하는 과정에서 핵 속에 독특한 구조의 물질이 있다는 사실을 발견했다.

과학자들은 이 물질이 그저 염색이 잘 된다는 의미로 염색체라는 이름을 붙였다.

염색체는 세포 분열 시 핵 속에 나타나는 굵은 실타래나 막대 모양의 구조물로 유전물질을 담고 있다. 염색체는 세포 분열 전기 때 핵 속의 염색사(染色絲)가 응축되어 형성된다. 염색사가 실이라면 염색체는 실이 많이 꼬여 짧게 응축된 실을 감아놓은 실 뭉치로 비유할 수 있다.

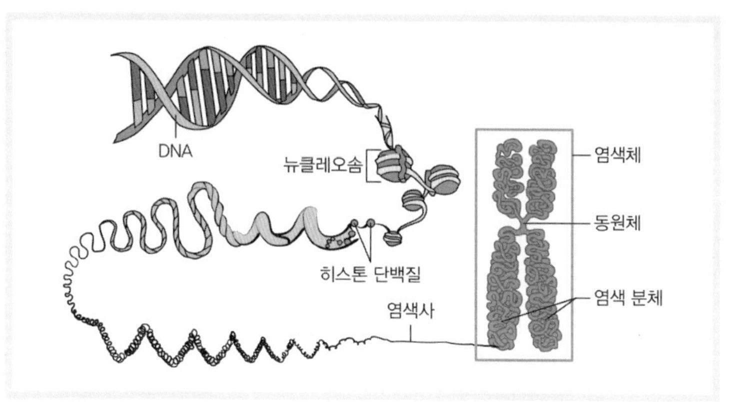

| 염색체, 염색사, DNA의 관계

염색사는 유전물질인 DNA와 히스톤 단백질로 이루어져 있다. 사람의 경우 하나의 세포에 들어 있는 DNA 총 길이는 약 2m인데, 지름이 약 5㎛에 지나지 않은 작은 핵 속에 들어 있다. 이것을 가능하게 하는 것이 바로 히스톤 단백질이다. 히스톤 단백질이 DNA와 함께 여러 번 꼬여 고도로 응축되기 때문이다. 이중 나선 구조를 이루는 DNA는 히스톤 단백질을 휘감아 염주 모양의 뉴클레오솜을 형성하고, 이 기본 단위가 연결되고 반복되어 염색사를 형성한다. 즉, 뉴클레오솜은 DNA가 8개의 히스톤 단백질을 감싸고 있는 덩어리로 염색사를 이루는 기본 단위다. 세포 분열 전기에 나타나는 염색체는 유전자 구성이 동일한 2개의 염색 분체로 이루어져 있으며, 이들 염색 분체는 동원체에 서로 연결되어 있다. 분열 전 간기에 DNA가 복제되어 2배로 된 후 각 DNA가 독자적으로 응축되어 각 염색 분체 가닥을 형성하므로 2개의 염색 분체는 유전자 구성이 같다. 동원체는 세포 분열 시 방추사가 연결되는 염색체 부위다.

같은 종의 생물은 염색체의 수와 모양, 크기가 일정한데, 이를 핵형이라고 한다. 핵형은 염색체의 특성을 나타낸 것으로, 핵형을 조사하는 작업을 핵형 분석이라고 한다. 핵형 분석을 통해 성별 및 염색체 구조나 수의 이상을 알 수 있다. 핵상은 핵 속에 존재하는 염색체의 상대적인 수로, 부모의 한쪽으로부터 물려받은 한 벌의 염색체 수를 n으로 표시한다. 따라서 체세포가 가지고 있는 염색체 수는 $2n$으로 표시한다.

사람은 인종, 성별에 관계없이 염색체 수가 일정하다. 사람의 체세포에는 46개의 염색체가 들어 있으며, 모양과 크기가 같은 염색체가 2개씩 쌍을 이루고 있다. 이처럼 짝을 이루는 염색체를 상동 염색체라고 한다. 상동 염색체 중 한 개는 아버지로부터, 다른 한 개는 어머니로부터 물려받은 것이다. 사람의 체세포에 들어 있는 46개의 염색체 중 44개는 남녀 공통으로 있는 상염색체이고, 2개는 성을 결정하는 성염색체다. 성염색체에는 X 염색체와 Y 염색체가 있으며, 남자는 XY, 여자는 XX의 성염색체가 있다. X 염색체가 Y 염색체보다 크다.

생.각.거.리.

필라델피아 염색체란 무엇인가?

필라델피아 염색체(Philadelphia chromosome)는 1960년 만성골수성백혈병(chronic myeloid leukemia) 환자의 백혈구에서 발견된 비정상 염색체를 부르는 이름이다. 당시 필라델피아 대학의 연구 팀(피터 노웰 교수와 대학원생)이 발견하여 『사이언스』 지에 보고했다고 해서 '필라델피아 염색체'라고 부르기 시작했다. 시카고 대학의 유전학자 자넷 롤리 교수는 필라델피아 염색체의 말단이 9번 염색체 말단과 바꿔치기 된 22번 염색체라는 사실을 밝혀냈다. 즉, 22번 염색체의 말단이 그보다 크기가 작은 9번 염색체 말단과 바꿔치기 되면서 크기가 작아진 것이다. 이렇게 다른 염색체 사이에 교환이 일어나는 현상을 전좌(轉座, translocation)라고 한다. 그러나 구체적으로 어떤 일이 일어났기에 정상 세포가 암세포로 바뀌었는지는 여전히 의문이었다.

한편, 1970년대 들어 암 관련 유전자들이 밝혀지기 시작했는데, 1978년 바이러스에 의해 유발되는 암세포에서 과잉 발현되는 변이 Src 단백질이 인산화효소(kinase)라는 사실이 확인됐다. 인산화효소는 표적이 되는 단백질에 인산기를 붙여 그 단백질을 활성화시킨다. 즉, 평소에는 활동을 하지 않고 있던 단백질이 인산기가 붙으면서 구조가 바뀌어 활성을 띠고 그 결과 일련의 생체반응이 일어난다. 즉, 인산화효소가 개입하는 세포내 반응으로 세포의 성장과 분열이 조절되는 것이다. 그런데 이 인산화효소에서 변이가 일어나면 과도한 생체반응이 계속돼 세포가 분열을 멈추지 않게 된다. 즉, 암세포로 바뀌는 것이다.

1980년대 초 미국 MIT의 데이비드 볼티모어 교수 팀은 필라델피아 염색체에서 전좌가 일어난 부분이 Bcr 유전자가 있는 자리라는 사실을 발견했다. 전좌가 일어나면서 이 유전자가 9번 염색체에서 온 Abl이라는 유전자와 합쳐지면서 Bcr/Abl이라는 변이 단백질이 만들어진 것이다. 그런데 알고 보니 Abl도 인산화효소였고 역시 Bcr/Abl도 변이로 활동 과잉이 된 상태라는 사실이 밝혀졌다. 즉, 만성골수성백혈병은 전좌로 인해 만들어진 변이 인산화효소가 세포 분열이 통제를 벗어난 결과였던 것이다.

프랑스 파리에 있는 제약회사 항암제 개발 팀장 알렉스 매터는 암과 인산화효소 사이의 관련성을 파악하고 암세포에서 활동하는 인산화효소만을 억제하는 항암제 개발 프로젝트를 시작했다. 여러 화합물 가운데 CGP-57148B라는 일련번호를 붙인 약물이 가장 효과가 좋았는데, 이 약물은 만성골수성백혈병을 일으키는 Bcr/Abl 인산화효소에 달라붙어 작용을 억제했다.

한편 미국에 있는 브라이언 드러커는 Abl 인산화효소의 작용으로 인산화가 되는 단백질을 항원으로 인식하는 항체 개발에 몰두하여 각고 끝에 개발에 성공했다. 매터가 항체에 관심을 보이면서 드러커와 알게 됐다. CGP-57148B에 대한 동물 실험 결과(간 손상)로 임상이 지연되면서 약물 개발이 중단될 위기에 놓였지만 매터는 드러커의 도움으로 1998년 임상1상을 하게 됐다. 원래 임상1상의 목적은 약물의 부작용 여부와 적정 복용량을 찾는 것인데 약을 복용한 환자들의 상태가 급속히 좋아지고 기존의 항암제와는 달리 부작용도 크지 않은 놀라운 일이 일어난다. 또한 골수를 채취해 검사하자 필라델피아 염색체를 지닌 세포의 비율이 눈에 띄게 줄어들었던 것이다. 이듬해 임상2상이 시작됐는데 소문을 들은 사람들 수백 명이 임상에 참여하겠다고 뛰어들었고 결국 24시간 비상가동체계로 약물을 만들었고 임상 참여자 수를 늘릴 수 있었다.

보통은 임상2상이 끝나고 더 많은 환자를 대상으로 기존 약물과 비교하는 임상3상을 마친 뒤 미국 식품의약품안전청(FDA)에 신약 신청을 한다. 그런데 이 약물은 워낙 약효가 탁월하다보니 임상3상 데이터는 추후 제출하라는 예외규정이 적용되어 2001년 FDA는 판매를 승인했다. 제품명 '글리벡(Gleevec)'인 신개념 항암제의 등장으로 만성골수성백혈병 환자의 생존율은 14%에서 95%로 극적으로 올라갔다. 그 뒤 글리벡은 만성골수성백혈병뿐 아니라 다른 암에도 효과가 있다는 사실이 밝혀졌다. 그리고 글리벡처럼 인산화효소를 표적으로 하는 항암제가 여럿 개발됐다.

XY 염색체를 지닌 여성이 존재할까?

존재한다. 1985년 고베 대회에 참가한 육상 선수 파티노는 자신이 여성임을 한 번도 의심해본 적이 없었으나 테스트 결과 남성으로 판정되었다. 파티노의 겉모습은 여성 자체였다. 파티노처럼 XY 염색체와 정상적인 여성 외부 생식기를 지닌 'XY 여성'은 여성 호르몬과 남성 호르몬이 모두 분비된다. 여성 호르몬에 의해 지극히 정상적인 여성으로 성장한다. 그러나 난자 생성 기관 대신 정자 생성 기관을 가지고 있어 생리를 하지 않고 임신이 불가능하다. 또한 남성 호르몬을 인지하는 수용체 결함으로 남성의 내부 생식기조차 온전하게 발달하지 못한다.

한편, AIS(안드로겐 내성 증후군)라는 것이 있는데, XY 염색체를 지닌 남성이지만 체내 남성 호르몬 수용체 이상으로 외형상 여성처럼 보이는 증후군이다. 외형상 남성의 성기나 고환이 없고 자궁이 없어 생리를 하지 않으며 임신이 불가능하다. 본인조차 자신이 남성임을 인식하지 못한 채 살아가는 경우가 많다. 피하지방을 유도하는 여성 호르몬의 분비가 희박하여 대부분 키가 크고 마른 늘씬한 체형이다. 2006년 아시안게임에서 인도의 육상 선수 산티 순다라얀이 AIS로 은메달을 박탈당했다.

사람 이외 다른 생물 종의 염색체는 몇 개나 될까?

생물의 종류에 따라 고유한 염색체 수를 가지며 같은 종의 생물은 염색체 수가 같다. 그러나 염색체 수가 같다고 해서 같은 종은 아니다. 염색체 수가 같아도 종이 다르면 염색체의 크기나 모양, 유전자의 종류 등이 다르다.

염색체 수는 말의 회충이 4개, 초파리가 8개, 완두가 14개, 옥수수가 20개, 벼와 토마토가 24개, 나팔꽃이 30개, 고양이가 38개, 침팬지와 감자가 48개, 말이 66개, 개가 78개, 금붕어가 94개, 게 종류인 북방참집게가 254개, 남미의 한 양치식물이 1,320개다.

게놈(genome)이란 무엇인가?

생물의 특징을 나타내는 전체 유전 정보의 세트로, 부모로부터 자손에게 전해지는 유전물질의 단위체를 말한다. 즉, 생물체가 가진 염색체 한 조(n)를 의미한다. 사람의 게놈은 23쌍의 염색체 중 한 세트의 염색체군(23개의 염색체)이 된다.

유전자 변형 생물

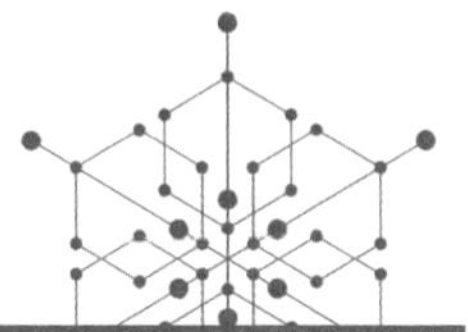

정의 유전자 변형 생물(遺傳子變形生物, genetically modified organism)은 DNA 재조합(再組合) 기술 등 인공으로 유용한 유전자를 삽입시켜 형질을 전환시킨 생물체를 말한다.

해설 유전자 변형 생물(GMO)은 유전자 재조합 기술 등 인공으로 다른 생물로부터 유래한 유전자를 포함하게 된 생물체를 말한다. 유전자 변형 생물은 형질 전환된 생물체로, 보통 다른 생물의 유용한 유전자가 삽입되어 자연에는 없는 새로운 성질이 나타나게 된다.

최초로 유전자를 변형시킨 작물은 1994년에 미국의 칼젠(Calgene) 사에서 개발한 '무르지 않는 토마토'라는 뜻을 지닌 플래버 세이버(Flavr Savr)였다. 토마토를 무르게 하는 유전자에 그것을 억제하는 유전자를 결합시켜 재조합 DNA를 만들고, 이를 토마토 종자에 삽입시키면 토마토의 과육이 일반 토마토보다 쉽게 물러지지 않게 되어 오랜 기간 저장할 수 있다. 병충해에 강한 슈퍼 옥수수는 생명공학 기술을 이용해 해충을 없애는 독성물질이 발현되도록 만들어졌고, 이로 인해 작물에 뿌리는 살충제 양을 줄일 수 있다. 사람은 이 옥수수를 먹어도 해가 없지만, 해충이 먹으면 독성물질로 인해 먹이를 소화할 수 없어 죽는다. 비타민A 결핍증을 예방하기 위해 개발된 황금쌀은 베타카로틴(프로비타민A)을 함유하고 있어 황색을 띤다. 이 밖에도 낟알이 많이 열리는 벼, 제초제에 내성이 강한 밀이나 콩 등이 모두 생산성을 높인 형질 전환 식물, 즉 유전자 변형 생물에 속한다.

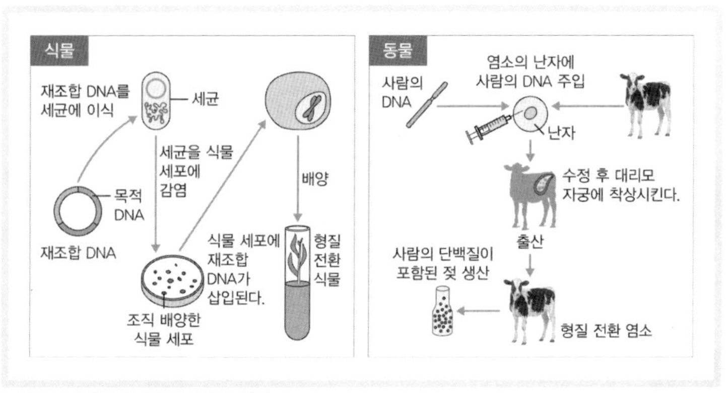

| 식물과 동물의 형질 전환 과정

식물뿐만 아니라 유전자 변형 가축이나 수산물 같은 형질 전환 동물을 생산하여 식량 문제 해결은 물론 다양한 분야에 경제적 효과까지 가져올 수 있다. 사람의 유전자를 삽입한 형질 전환 동물은 희귀한 의약품으로 사용되는 사람의 단백질을 대량 생산하는 것이 가능하다. 빠르고 크게 생장하는 슈퍼 연어, 더 좋은 양모를 가진 양, 더 부드러운 육질을 가진 소, 사람의 각종 장기를 생산하는 돼지 등을 만들 수 있다.

이처럼 유전자 변형 생물은 해충에 저항성이 있거나 살충제, 제초제에 내성을 갖게 되어 생산성을 높일 수 있고, 영양학적으로도 더 우수하다. 사람에게 필요한 의약품이나 산업적으로 이용 가능한 물질을 내량 생산할 수도 있다. 그러나 유전자 변형 생물은 인체 안전성 및 환경 위해성과 관련해 잠재적인 위험성을 갖는다. 또한 새로운 생물체가 생태계에 도입될 경우, 생물 다양성의 감소 등 생태계 교란을 가져올 수도 있다. 미국은 식품의약청(FDA)에서 GMO 식품의 안정성을 인정했지만, 대부분의 소비자는 GMO 식품을 기피하고 있는 상황이다.

한국은 2001년부터 국내에서 판매되는 유전자 변형 농산물과 가공식품, 사료 등을 대상으로 표시제를 시행하고 있다. 다만 생산, 유통 과정 중 비의도적 혼입을 고려해 유전자 변형 생물체가 3% 이하로 혼입된 경우에는 표시 의무를 면제하고 있다. 최종 제품에 유전자 변형 DNA나 외래 단백질이 남아 있지 않거나 검출이 불가능하면 표시 대상에서 제외하기도 한다. 이 때문에 간장, 식용유와 같이 제조·가공 후 유전자 변형 DNA 등 검출이 불가능한 경우에는 알 수 없다.

| GMO 표시와 관련 제도 |

항목	한국	EU
식품	식용류, 간장 등 제외	모두 표시
가공식품	상위 5개 품목 한정	모두 표시
외식산업	표시 대상 아님	메뉴 등에 표시
사료	표시 대상 아님	표시 대상
비의도적 혼입 허용치	3%	0.9%

생.
각.
거.
리.

GMO 식물이 지구온난화를 막을 신무기라고?

산업 활동이 가속화되면서 지구상의 식물만으로 지구온난화를 막기엔 부족하다는 분석이 나오고 있다. 세계기상기구(WMO)는 모로코에서 열린 제22회 유엔기후변화협약 당사국총회에 지구온난화의 심각성을 담은 보고서를 제출했다. 이 보고서에서는 "식물은 호흡하면서 지구 대기 중의 이산화탄소를 흡수하지만, 이는 늘어나는 이산화탄소 배출량에 비해 크게 부족하다"며 "기후 변화를 늦추기 위해서는 추가로 이산화탄소 감축 전략이 필요하다"고 설명하고 있다. 일부 과학자는 이 문제의 해결책으로 GM(유전자변형) 기술을 이용해 '슈퍼 식물'을 개발하기 위해 노력하고 있다.

일리노이 주립대학 유전생물학연구소 연구진(요하네스 크롬디크 연구원 팀)은 식물의 광합성 효율을 높이는 데 성공했다. 연구진은 담배를 이용해 실험했는데, 유전자 3개를 조작해 그 결과를 『사이언스』지에 발표했다. 연구진은 식물이 직사광선에 노출되는 정도에 따라 광합성의 양을 스스로 조절한다는 사실에 착안했다. 식물은 직사광선 아래에 있을 때는 과도한 에너지 생산을 막기 위해 광합성 효율을 떨어뜨린다. 그러다 갑자기 구름이 지나가거나 그늘이 생기면 수분 내에 다시 광합성 효율을 높인다. 연구진은 이 과정에서 식물의 전체 광합성 양이 줄어들고 식물의 생산량이 20% 가량 줄어든다는 사실을 알아냈다. 그래서 담배가 그늘에 들어설 때 더 빨리 광합성 효율을 높일 수 있도록 유전자를 조작했다. 그늘에서 광합성 효율을 높이는 스위치 역할을 하던 'ZEP', 'VDE', 'PsbS' 세 유전자를 추가로 넣은 것이다. 그 결과 유전자조작(GM) 담배의 이산화탄소 흡수율이 11%, 광합성 효율이 14% 높아진 것을 확인했다.

식물의 유전자를 조작해 지구온난화를 막으려는 연구는 이전에도 있었다. 2010년 10월 미국 퍼시픽노스웨스트 국립연구소 연구진(크리스터 안슨 연구원 팀)은 지구온난화를 줄이는 다양한 식물 유전자조작 전략을 소개하는 논문을 발표했다. 이에 따르면 식물의 빛 흡수 효율을 높이는 방법, 태양 에너지를 유기물로 더 많이 전환하도록 조작하는 방법 등 광합성 효율을 높여 이산화탄소 흡수를 높이는 방법이 다수 포함됐다. 서울대학교 생명과학부 이일하 교수는 "20~30년 전부터 광합성 효율이 떨어지는 C3식물(탄소를 3개씩 저장)을 광합성 효율이 높은 C4식물처럼 바꾸려는 유전자조작 연구가 진행됐다"며 "이런 연구는 식물의 이산화탄소 흡수량을 높여 지구온난화를 막으면서 동시에 식물 생산량도 증가시킬 수 있다"고 설명했다.

일부 과학자들은 다양한 환경에서 살아남을 수 있는 유전자조작 식물을 만들어 지구온난화를 막으려는 연구도 진행 중이다. 한국생명공학연구원 식물시스템공학연구센터 곽상수 책임연구원 팀은 중국과학원 물토양보존연구소와 공동으로 한중 사막화 방지 생명공학공동연구센터를 두고 지구온난화와 사막화를 막는 유전자조작 식물을 개발하고 있다.

'GMO 명찰'과 '클린 라벨'이란 무엇인가?

한국은 현재 GMO 식품의 세계 2위 수입국이다. 한국은 2016년까지 식품 원료 중 가장 많은 비중을 차지하는 5순위까지만 GMO 성분을 표시하도록 하고 있다. 식품위생법상 제조 및 가공 후에 유전자 변형 DNA나 단백질이 남아 있는 유전자 변형 식품에만

GM 표시를 한정하기 때문에 가공 과정에서 GMO가 들어가거나 가축이 GM 사료를 먹었는지는 알 수 없다. 2017년 1월부터 시행되는 GMO 표시 개정안에 따르면 가공식품에 유전자 변형 DNA나 단백질이 조금이라도 남아 있으면 GMO 식품이라고 표시해야 한다. GMO 사용을 알리는 문구 크기를 키우도록 해 가독성을 높이고자 했다. 그러나 GMO를 원료로 사용했더라도 제조 공정을 거친 뒤 유전자 변형 DNA나 단백질이 검출되지 않으면 예외로 둬 '반쪽 개정안'이라는 비판을 받고 있다. 이런 상황에서 소비자가 참고하면 좋은 것이 클린 라벨이다. 1990년대 영국에서 등장한 클린 라벨은 합성물이 첨가되지 않고 안전한 가공 처리를 거친 원료를 간결하고 알기 쉽게 표시한 식별 표식이다. 영국 소비자는 영양 성분 표시와 원재료 등을 꼼꼼하게 살피기 시작했고, 안전이 우선시되는 영유아 식품부터 클린 라벨을 부착했다.

LMO는 GMO와 어떻게 다른가?

LMO(living modified organism)도 GMO와 같이 유전자 변형 생물이다. 그러나 LMO는 '살아있음'을 강조하는 용어다. 즉, GMO는 살아있는 생물뿐만 아니라 죽은 것(식품이나 가공물)도 포함하고, LMO는 생식이나 번식이 가능한 생물 자체를 말한다. 따라서 GMO가 LMO보다 포괄적인 개념이다.

유전자 치료

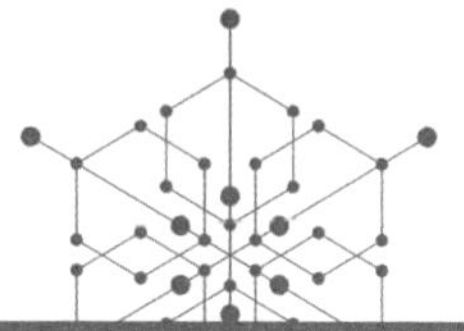

정의 유전자 치료(遺傳子治療, gene therapy)는 특정 유전자에 결함이 있는 환자의 세포에 정상 유전자를 넣어주어 발현시킴으로써 유전병을 낫게 하는 것을 말한다.

해설 유전자 치료는 정상적인 유전자를 표적 장기에 도입하여 결함이 있는 유전자를 대체하거나 치료 단백질이 발현되도록 함으로써 질병의 원인이 되는 이상 유전자를 치료하는 방법이다. 유전자 치료는 알츠하이머, 혈우병 등과 같이 선천적으로 유전적 결함이 있는 환자를 치료할 수 있을 것으로 기대하고 있다.

DNA 재조합 기술을 사용하여 유전병 환자에게 필요한 정상 유전자를 바이러스에 삽입시킨다. 바이러스를 환자에서 분리한 골수 세포에 감염시킨다. 바이러스는 환자의 세포에 침입해 자신의 DNA를 숙주 세포의 염색체에 끼워 넣어 증식하므로 정상 유전자의 운반체(벡터)로 이용된다. 정상 유전자를 삽입한 골수 세포를 조직 배양하여 대량으로 증식시킨 후 환자의 골수에 이식하면 정상 유전자가 발현되어 해당 단백질을 합성함으로써 증상을 완화시킬 수 있다.

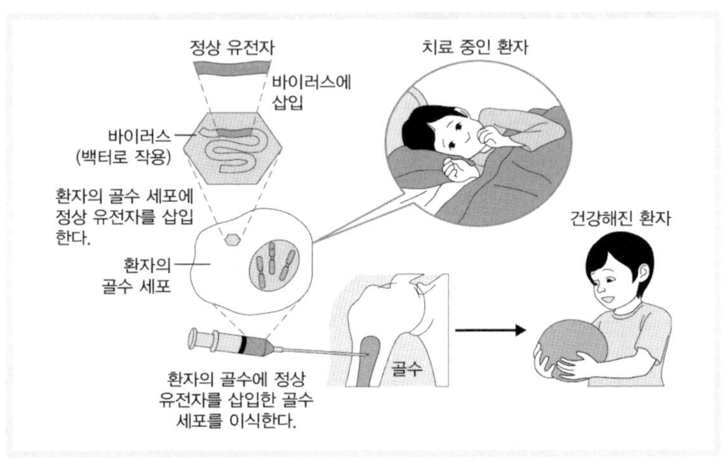

| 유전자 치료의 원리

최초의 유전자 치료는 1990년 중증복합면역결핍증(SCID)을 앓고 있는 4세의 여아에게 시도되었다. 면역성이 회복되었으나 큰 효과를 얻지 못했다. 2000년 같은 유전병을 앓고 있는 10명의 어린이에게 유전자 치료를 진행한 결과 증상이 호전되었지만 일부 어린이에게 백혈병을 일으키는 부작용이 발생했다. 이는 치료 과정 중 사용한 DNA 운반체인 바이러스가 혈액 세포 증식과 관련된 유전자 주위에 삽입되었기 때문이었다. 이로 인해 바이러스를 이용한 유전자 치료가 일시적으로 중단되었다. 아직까지 유전자 치료는 운반체의 삽입 부위, 발현 시기, 발현 장소를 조절하여 부작용을 최소화하는 등 기술상의 해결해야 할 난제를 안고 있다. 또한 성공 확률이 낮으며 모든 유전병에 적용할 수 없다는 한계와 치료 목적 이외에 이용될 때 나타나는 생명 윤리 문제도 가지고 있다.

생.
각.
거.
리.

개인 맞춤형 치료 시대가 올까?

유전자 분석 기술의 급진전으로 새로운 바이오헬스 시장이 열릴 것으로 예상된다. 개인 단일세포 유전체 분석부터 맞춤형 치료제나 유전자 가위 기술 등이 속속 상용화 단계로 들어서기 때문이다. 특히 인간 유전자 정보에 접근해 질병과 관련된 세포를 미리 잘라내거나 교체하는 치료 중심 기술이 주목받고 있다.

한국생명과학연구원은 최근 10대 유망 바이오 기술과 관련해 2020년까지 단일세포 유전체 및 전사체 분석 기술이, 2022년에는 단일세포 후성유전체 분석 기술이 나올 것으로 전망했다. 단일세포 유전체 분석 기술은 다세포 생물의 조직을 이루는 개개의 세포 수준에서 DNA나 RNA 등 유전체 정보를 분석하는 기술이다. 개별 세포의 서로 다른 특징으로 암세포 등 질병 세포 이질성에 따른 맞춤형 치료가 가능하다. 개별세포는 서로 다른 분자를 가지는 특징이 있어 유전자 분석 기술을 잘 활용하면 암세포 등 질병 세포에 따른 맞춤형 치료로 의료비 절감과 삶의 질 향상에 기여한다는 것이다.

질병 관련 유전자를 편집해 난치병과 유전병 등을 치료하는 맞춤형 치료제 개발도 속도가 붙었다. 대형 병원들도 유전체 분석과 빅데이터 인공지능 등 새로운 의료 기술 개발에 집중하고 있는 추세다. 삼성유전체연구소는 개인별 맞춤형 항암치료를 위한 임상유전체진단 기술을 개발했다. 또 단일세포 수준에서 유전체 정보 분석이 가능한 초정밀 진단 기술 임상 적용, 정밀의료를 위한 유전체 정보 분석 신기술 개발 등의 성과를 냈다.

4차 산업혁명의 핵심 기술로 꼽히는 유전자 가위 기술도 빠른 속도로 진전되고 있다. 이 기술은 세포 내 유전자를 편집해 질병을 치료하는 것을 목표로 한다. 유전자 가위 기술은 세포 속 유전자를 정확히 자르고 배열하는 효소(단백질) 시스템이다. 주로 유전자 변이가 원인인 희귀 질환이 치료 대상이다. 국내 유전체 교정 바이오벤처인 툴젠(Toolgen)은 3세대 유전자 가위인 크리스퍼(CRISPR-Cas9) 기술을 보유하고 있다. 크리스퍼는 몸속 세포를 꺼내 유전자를 교정하거나 직접 몸에 들어가 세포 유전자를 치료한다. 툴젠은 손과 발의 근육이 위축되는 유전자 변이 희귀 질환인 샤르코-마리-투스 치료제와 피가 멈추지 않는 혈우병 유전자 교형 치료제 등을 개발하고 있다.

유전자 치료의 현재 상황은?

현재 전 세계적으로 170여 종 이상의 유전자 치료가 시도되고 있으며, 유전자 치료를 받은 환자 수도 이미 2,000여 명에 이른다. 세계적으로 수많은 연구와 임상실험이 이어지고 있는 가운데 최근 치명적인 뇌질환 치료에 효과를 보았다는 소식이 전해져 의료계가 흥분하고 있다.

유전자 이상으로 주로 소년에게 발생하는 희귀병인 ALD(adreno-leukodystrophy, 부신백질형성 장애)의 치료 가능성이 열리고 있다. 바이오 신약 개발 업체와 연계된 연구진이 유전자 치료를 통해 ALD 증상이 악화되는 것을 막는 데 성공한 것으로 전해졌다. 그동안 ALD에 걸린 소년 17명으로 대상으로 유전자 치료를 해왔는데, 대부분인 16명이 지난 2년간 건강한 상태를 유지해오고 있다는 것이다.

'로렌조 오일'로도 불리는 이 질병은 유전자 이상으로 주로 소년에게 발생하는 희귀병이다. 성염색체인 X염색체 유전자 이상으로 인해 몸 안의 VLCFA(긴사슬 지방산)가 분해되지 않고 뇌에 들어가 신경세포를 파괴하면서 생명을 앗아간다. 아직까지 이 유전병을 치료할 수 있는 치료제는 없는 실정이다. 영화 〈로렌조 오일〉의 실존 인물인 미카엘라 오도네가 찾아낸 기적의 치료 물질 '로렌조 오일(Lorenzo's oil)'이 있지만 VLCFA의 생성을 억제해줄 뿐 신경세포의 파괴는 막지 못한다.

그런데 연구진의 이번 연구 결과는 그동안 ALD 환자를 대상으로 시도했던 임상실험을 한 단계 발전시켰으며, 불가능한 것으로 알려진 이 불치병의 치료 가능성에 한 발 더 다가선 것으로 평가된다.

장기 이식

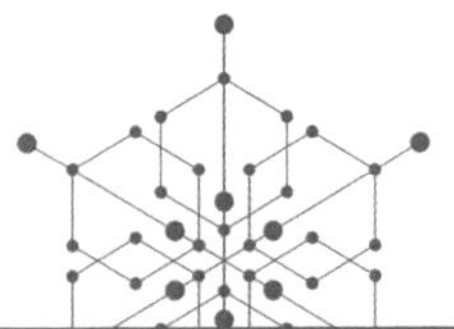

정의 장기 이식(臟器移植, organ transplantation)은 손상된 장기를 떼어내고 건강한 장기를 옮겨 붙이는 일이다.

해설 이식은 장기 이식, 조혈모세포 이식, 인체 조직 이식 등 3종류로 나뉜다.

'장기 이식'은 장기가 손실되고 망가져 더 이상 제 기능을 하지 못해 기존의 치료법으로 회복이 어려운 환자에게 장기를 이식하여 그 기능을 회복시키는 의료 행위로, 새 생명을 얻게 하는 치료법이다. 간이나 콩팥을 제외하고 대부분의 장기는 일반적으로 생명을 잃을 수도 있는 상황에 놓인 사람, 즉 뇌사자나 각종 말기 질환자, 사망한 사람으로부터 얻는다.

장기는 포유류, 특히 사람의 몸통 안에 들어 있는 내장(內臟)의 여러 기관을 의미한다. 장기 이식에 사용되는 고형 장기 7종은 신장(kidney), 간장(liver), 심장(heart), 폐(lung), 췌장(pancreas), 췌도

(langerhans), 소장(small intestine)이다. 골수(marrow)와 안구(cornea) 등 조직 2종도 이에 해당된다.

'장기 기증(organ donation)'은 타인의 장기 기능 회복을 위하여 대가 없이 자신의 특정한 장기 등을 제공하는 행위를 말한다. 장기 기증에는 뇌사 기증, 사후 기증, 살아있는 사람의 간 기증의 3가지 종류가 있다. 뇌사 기증은 뇌혈관 질환, 교통사고 등으로 인한 뇌사자의 장기를 가족 또는 유족의 신청에 의하여 기증하는 경우, 사후 기증은 사망한 후 안구 기증, 살아있는 사람의 간 기증은 부부, 직계존비속, 형제자매, 4촌 이내의 친족 간, 타인 간 등 살아있는 사람 사이의 기증이다. 이식 대상자에 비해 기증자가 부족하여 이식 대기자가 많으며, 여러 사람이 혜택을 받지 못한다.

이렇듯 장기는 공공재(public goods) 성격을 띤다. 따라서 잠재 뇌사자를 발굴하여 뇌사자의 장기를 공정하게 배분하는 등 국가 차원의 제도 및 정책이 필요하다.

이식을 받게 되더라도 이식 과정에서 면역 거부 반응이 일어날 수 있다. '면역 거부 반응'은 조직이나 기관을 이식받은 사람의 면역 체계가 이식된 조직이나 기관을 외부 물질로 인지하고 공격하거나 제거하는 반응이다. 최근에는 이식 후의 거부 반응을 억제하는 기술이 발달함에 따라 성공률이 높아지고 있다.

기증자의 장기 이식 외에 인공 심장, 인공 콩팥, 인공 관절 등 기계식 인공 장기를 이식하는 방법도 있다. 그러나 인공 장기는 부작용의 위험 때문에 장기 이식을 기다리는 동안 보조 기능을 수행하는 경우가 많다. 환자 자신의 조직에서 세포를 분리하거나 줄기세포를 이용해 면역 거부 반응이 없는 장기를 만들어내기도 한다. 그러나 이 역시 복잡한 구조의 장기를 만들기에는 아직 한계가 있다. 유전자를 조작한 형질 전환 동물을 이용하여 이식용 장기를 얻을 수 있으나, 면역 거부 반응이 일어날 수 있고 동물체에 있던 병원체가 전염될 수 있다. 이를 해결하기 위해 유전자 조작으로 면역 거부 반응을 없앤 무균 미니 돼지를 생산하기도 한다.

조혈모세포(Hemopoietic stem cell)는 우리 몸의 뼈 안에 존재하는 골수(marrow)에서 생성되는 세포로 정상인의 혈액 중 약 1%정도에 해당된다. 적혈구, 백혈구, 혈소판 등 모든 혈액 세포를 만들어내는 능력을 가지고 있다. 대부분 골수에서 생산되나 말초혈액에도 소량 존재하고 신생아의 제대혈에도 존재한다.

기증자의 골수나 말초혈 조혈모세포는 기증 후 2~3주 이내에는 기증 전 상태로 원상회복이 가능하므로 기증자의 혈액 세포 생성 능력에 전혀 지장을 받지 않는다. '조혈모세포 이식'은 백혈병이나 암 환자에 적절한 시기에 이식하여 새 생명을 얻게 하는 치료 행위다.

조혈모세포 이식은 환자와 기증자의 조직적합성 항원형(HLA type)이 일치해야 하는데, 환자와 기증자 간에 HLA형이 일치할 확률은 부모와 자식 간 5% 이내, 형제자매 간 25% 이내이며, 타인 간에 일치할 확률은 수천에서 수만 명 중 1명에 불과할 정도로 확률이 희박하다.

인체 조직은 장기를 제외한 조직으로 뼈, 피부, 인대 및 건, 연골, 근막, 양막, 혈관, 심장판막, 안구(cornea) 등을 말한다. 인체 조직은 사후에만 기증할 수 있으며, 기증 후 가공 및 보관 단계를 거쳐 환자를 치료하는 데 사용된다. 특히 피부는 심각한 화상을 입은 환자의 생명을 살리는 소중한 이식재가 된다.

생. 각. 거. 리.

기증·이식에서 '장기'와 '인체 조직'이 다른 점은?

구 분	장기 기증 및 이식	인체 조직 기증 및 이식
종류	신장, 간장, 췌장, 췌도, 소장, 심장, 폐, 안구	뼈, 피부, 인대 및 건, 연골, 근막, 양막, 혈관, 심장판막
기증 시기	살아있을 때 혹은 뇌사 시	사망 후 15시간 이내
이식 시기	즉각적으로 이식	가공 및 보관 거쳐 이식 (최장 2년 보관)
특징	한 사람의 기증으로 최대 9명 수혜 가능	한 사람의 기증으로 최대 100여 명 수혜 가능

사람의 머리를 이식하는 수술이 가능할까?

2015년 이탈리아의 신경외과 의사 세르지오 카나베로 박사가 2017년까지 사람을 대상으로 머리 이식 수술을 성공시키겠다고 공언해 화제가 됐다. 희귀병으로 사지가 마비된 러시아 남성의 머리를 떼어 뇌사자의 몸통에 붙인다는 것이다. 공여자와 수여자의 몸에서 피부, 신경, 근육, 혈관, 척수 순서로 목을 분리한 뒤, 혈관과 척수 순으로 주인공의 머리를 공여자의 몸에 접합하겠다고 밝혔다. 머리의 산소 소비를 최소 수준으로 유지하기 위해 온도를 12~15℃로 낮춘다고도 했다. 예상 소요 시간은 36시간이다.

그러나 전문가들의 시선은 싸늘하다. 현재 의학 기술은 샴쌍둥이를 겨우 분리하는 수준이다. 다양한 장기가 모인 신체 구획을 통째로 이식하는 건 아직 불가능하다. 특히 말초신경과 달리 중추신경은 현대의학으로는 절대 재생시킬 수 없는 부위다. 동물을 대상으로 한 머리 이식은 20세기 초부터 시도됐는데, 그냥 갖다 붙인 수준일 뿐 며칠 살지도 못했다.

그렇다면 왜 아직도 장기가 모여 있는 신체를 한 번에 이식하는 건 성공하지 못했을까? 한 종류의 세포로 이뤄진 장기와 달리 팔 같은 외부 신체는 피부, 인대, 신경, 혈관, 근육, 관절, 뼈 등 10여 개가 넘는 세포가 섞인 복합조직이기 때문이다. 장기는 동맥과 정맥만 연결하면 살 수 있지만, 신체는 피부, 근육 등 각 조직의 혈관을 따로 붙여줘야 한다. 지름이 1mm에 불과한 혈관을 일일이 붙이는 미세 혈관 재건술은 지금도 무척 숙련된 의사만 할 수 있다.

이종 간 장기 이식의 새 시대 열릴까?

현재 한국의 평균 장기 이식 대기 기간은 5년이다. 이런 상황에서 이종(異種) 간 장기 이식, 줄기세포, 3D 바이오 프린팅이 망가진 장기를 대체하는 기술로 주목받고 있다.

이종 간 장기 이식은 동물의 장기나 동물에서 키운 사람의 장기를 이식하는 방법이다. 크기와 기능 면에서 사람 장기를 대체하기에 적합한 돼지 장기가 이종 장기로 선택됐다. 하지만 면역 거부 반응 해결이 난제로 떠올랐다. 면역 거부 반응은 이식 후 수 분에서 수 시간 사이에 일어나는데, 면역계가 돼지 장기 표면에 있는 '알파갈(α-Gal)'이란 단백질을 공격하면서 발생한다. 알파갈은 인간을 비롯한 영장류에게는 존재하지 않는다. 국립축산과학원은 2016년 7월 국내 최초로 장기 이식 과정에서 면역 거부 반응이 없는 형질 전환 돼지 '사랑이'를 탄생시켰다. 면역 거부 현상을 해결하기 위해 단계별로 관련된 유전자를 빼서 '면역 결핍' 돼지를 만들어야 한다. 이렇게 태어난 돼지를 교배하거나 추가로 유전자를 조작하는 방식을 사용했다. 이번에 탄생한 사랑이는 면역 거부 반응을 조절한 돼지 '믿음이'와 돼지 '소망이'를 교배해서 태어났다. 교배하는 방식은 안정적이지만 유전자를 조작하는 데 시간이 오래 걸리는 것이 단점이다. 과학자들이 유전자 가위로 불리는 크리스퍼(RNA와 단백질을 이용해 특정 유전자를 자르는 기술)에 관심을 갖고 있다. 기존에 돼지 유전자를 편집하는 데 수년이 걸렸지만 유전자 가위를 이용하면 시간을 1년 내외로 줄일 수 있다. 한 번에 여러 군데의 유전자를 동시에 손볼 수도 있다. 국립축산과학원은 '사랑이'에게도 유전자 가위 기술을 적용해 면역 거부 반응 조절 등 추가 연구를 이어갈 계획이다. 축산과학원은 "2018년께 이 돼지의 심장이나 췌도, 각막을 원숭이에게 이식하는 실험을 할 계획"이라고 밝혔다.

각국 정부는 잇달아 돼지의 장기 이식을 허용하고 있다. 중국 정부는 지난해 4월 돼지 각막 사용을 허용하면서 지금까지 100여 명이 시력을 되찾았다. 이에 질세라 일본도 동물 장기와 세포의 인간 이식을 금지해온 관련법을 개정해 '이종 장기 이식'에 속도를 낼 태세다. 일본 연구진은 몇 년 이내 당뇨병 환자에게 인슐린을 생산하는 돼지 세포를 이식할 계획이다. 미국 FDA도 다른 치료 방법이 없는 환자에 한 해 이종 장기 이식을 예외로 허용하지만, 임상실험을 통해 안정성이 확보되는 대로 이종 장기 이식을 확대할 태세다.

장기 이식에서 또 주목받는 것이 바로 줄기세포다. 환자 자신의 줄기세포로 만든 맞춤형 장기는 거부 반응을 걱정할 필요가 없다. 줄기세포는 뼈·신경·혈관·근육·장기를 만드는 '모세포'다. 크게 배아, 성체, 역분화(유도 만능) 줄기세포로 나뉜다. 성체 줄기세포는 특정 조직의 세포로만 분화하지만, 피부세포 등 체세포에 바이러스 등을 넣어 세포의 어린 시절로 되돌린 역분화 줄기세포는 배아줄기세포처럼 인체의 어느 장기로도 발전할 가능 성을 갖게 된다. 역분화 줄기세포를 이용해 연구 목적의 '유사 장기(오가노이드)'도 제작할 수 있다.

2013년 오스트리아 분자생명공학연구원은 성인의 피부세포로 역분화 줄기세포(iPS)를 만든 다음, 인간 대뇌와 비슷한 신경세포 조직으로 성장시키는 데 성공했다. 이 뇌를 특별한 배양 조건에서 2개월 만에 최대 4㎜로 키웠다. 보통 완두콩보다 약간 작은 크기의 이 '미니 뇌'는 해마 · 피질 등 인간의 뇌와 비슷한 구조를 갖췄고 신경세포가 전기적 신호까지 주고받을 만큼 기능이 유사했다. 줄기세포로 뇌를 만들면 파킨슨병이나 알츠하이머 같은 퇴행성 뇌신경질환을 연구하는 데 활용할 수 있을 것으로 기대된다. 지난해 7월 미국 UC버클리 연구진 등은 역분화 줄기세포를 이용해 스스로 뛰는 약 0.5㎜ 크기의 3차원 심장을 만들었다. 연구진은 인간의 줄기세포에 심장 세포로 분화하는 데 필요한 유전인자와 환경을 조성해주는 방법으로 '미니 심장'을 만들었다. 이 밖에도 현재 간 · 갑상선 · 췌장 등 다양한 '미니 장기'가 개발돼 질병 연구와 약물 반응 검사 등에 활용되고 있다. 환자 자신의 줄기 세포를 이용한 맞춤형 장기 이식은 거부 반응을 줄일 수 있는 가장 확실한 방법이다. 하지만 문제는 줄기세포를 심장 근육 세포나 간세포로 유도 분화한 후 증식시킨다고 해당 장기가 되진 않는다는 데 있다.

3D바이오 프린팅은 신체 일부나 장기를 만드는 데 적합한 기술로 주목받고 있다. 3D 바이오 프린팅 기술은 살아있는 세포가 포함된 젤리 성분의 '바이오 잉크'를 적층 방식으로 쌓아올려 살아있는 조직을 만들 수 있다. 젤리는 인체 온도(36.5도)에서 녹는 하이드로겔로, 세포에 영양분을 공급하고 생존에 필요한 환경을

제공한다. 높은 온도에서 세포가 죽는 것을 방지하기도 한다. 그렇게 해서 일단 원하는 모양을 만든 다음 세포를 증식 분화시켜 3차원적인 조직을 만드는 것이다.

미국의 생명공학 회사 오가노보(Organovo)는 2013년 수만 개의 세포로 이루어진 바이오 잉크를 사용해 1㎝도 안 되는 크기의 인공 간을 제작했다. 이 '인공 간'은 42일간 실제 세포처럼 살아있었다. 오가노보는 2014년 11월부터 3D 인공 간 조직을 판매하고 있다. 간 조직을 실제 간과 유사한 3차원으로 만들 경우 독성 시험 결과의 신뢰도가 높아진다.

2016년 초 미국 웨이크포레스트 의대 연구진은 3D 바이오 프린팅을 이용해 만든 인공 귀를 쥐에게 이식하는 데 성공했다. 연구팀은 토끼의 연골세포와 말랑말랑한 하이드로겔로 바이오 잉크를 만들었다. 여기에 생분해성 플라스틱을 섞어 강도를 높여 귀 모양을 만들었다. 이식한 인공 귀의 연골 세포는 2개월 후까지 살아있었고, 혈관이 연결되는 등 건강한 상태를 유지했다.

UNIST 생명과학부 연구진(김정범 교수 팀)은 최근 환자 이식용 척수를 바이오프린팅으로 찍어내는 연구를 진행하고 있다. 척수는 한번 손상되면 재생이 안 된다. 연구진은 환자의 줄기세포를 이용해 척수의 성분이 되는 신경세포와 성상세포를 맞춤형으로 만들어내는 수준에 이르렀다.

한국산업기술대 사업단은 3D 바이오 프린팅 기술을 기반으로 체내에서 분해되는 연골조직을 개발하는 데 성공했다. 그간 얼굴뼈 등에 손상을 입은 환자의 경우, 신체 다른 조직에서 뼈를 추출해 손상된 결손 부위에 맞게 깎은 후 이식해야 하는 어려움이 있었고 수술 시간도 8시간 이상 소요됐다. 3D프린팅 기술을 적용해 환자 맞춤형으로 결손 부위에 완벽히 일치하는 보형물을 만들어 삽입하면, 뼈를 추출할 필요가 없어 환자의 고통도 줄여주고 주변 조직과 융합되어 자가 조직으로 재생될 수 있도록 도와준다. 수술시간도 2시간 이내로 줄어든다. 가까운 미래에 혈관이나 간단한 연골, 뼈, 피부 조직은 실용화 단계에 도달할 것으로 전망된다.

줄기세포

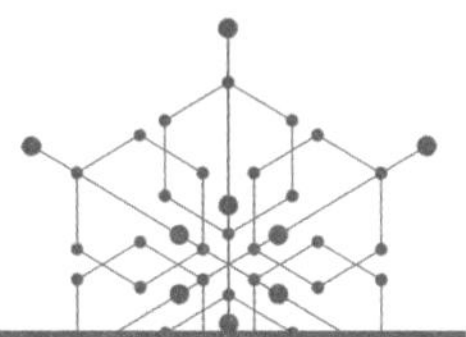

정의 줄기세포(stem cell)는 분열 능력이 있으며, 어떤 세포나 조직으로든 발달할 수 있는 미분화 세포를 의미한다.

해설 줄기세포는 난치병이나 노화로 제 기능을 하지 못하는 세포나 장기를 대체할 수 있는 세포를 재생할 수 있어 많은 관심과 연구 대상이 되어왔다. '줄기세포(stem cell)'는 스스로 계속 분열하는 능력을 갖고, 필요한 경우 분화된 세포를 만들어내는 능력이 있는 세포를 말하며, 간세포라고도 한다. 줄기세포는 발생 초기에 있는 배아로부터 얻는 배아줄기세포(embryonic stem cell)와 탯줄 혈액이나 골수 등에서 얻는 성체줄기세포(adult stem cell)로 나뉜다. 배아는 발생 과정에서 장기 형성 전의 단계로, 사람의 경우 임신 8주 이전까지를 말한다. 배아줄기세포는 수정 후 14일이 안 된 세포 덩어리 단계의 배아에서 얻을 수 있다. 배아줄기세포는 증식력이 높고, 어떤 종류의 세포로도 분화할 수 있는 능력(전분화능력)을 갖추고 있기 때문에 우리 몸에 필요한 어떤 종류의 세포나 조직도 만들어낼 수 있다. 이 때문에 배아줄기세포는 전능 세포 또는 만능 세포로 불리며, 심장병, 신경질환, 당뇨병, 근육위축증 등 다양한 난치병 치료에 이용할 수 있다.

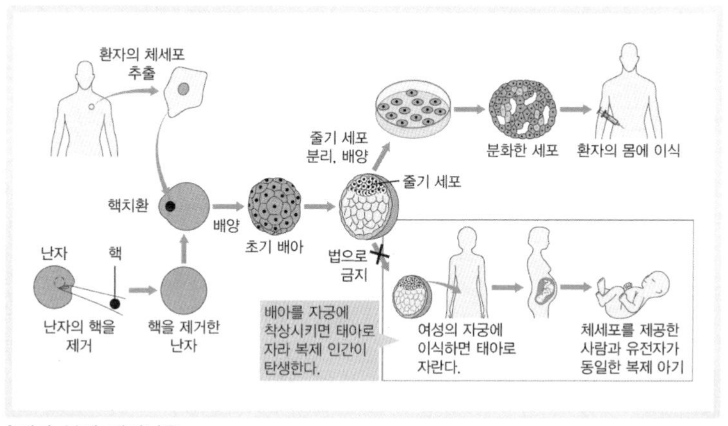

| 배아 복제 메커니즘

난치병 치료에 배아줄기세포를 이용하기 위해 무엇보다 중요한 것은 환자에게 이식했을 때 나타나는 면역 거부 반응을 막는 것이다. 핵치환 기술을 이용한 배아 복제로 거부 반응이 없는 복제 배아줄기세포를 얻을 수 있다. 배아 복제는 핵을 제거한 난자에 환자의 체세포의 핵을 이식하여 체세포를 복제한 배아를 만드는 것이다. 환자의 체세포를 복제한 배아를 여성의 자궁에 착상시키면 태아로 자라 복제인간이 탄생한다. 그러나 여성에 이식하지 않고 배아로부터 줄기세포를 분리·배양해 복제 배아줄기세포를 얻을 수 있는데 이를 치료용 복제라고 한다. 이렇게 얻은 줄기세포는 환자와 유전적으로 동일하므로 환자에게 이식 시 거부 반응을 일으키지 않아 장기 이식이

필요한 환자와 난치병 환자의 치료에 활용될 수 있다.
그러나 줄기세포를 얻기 위해 태아로 자랄 수 있는 생명체인 배아를 이용하는 것에 대한 논란이 많다. 핵치환 기술을 사람에게 적용함으로 인해 발생하는 인간 복제, 난자를 제공하는 여성 기증자, 배아 복제에 이용된 배아의 희생 등 심각한 윤리 문제를 안고 있다. 따라서 이러한 문제를 극복하기 위해 최근에는 성체의 조직을 이용한 줄기세포와 성체에서 얻은 세포를 줄기세포로 역분화시키는 줄기세포에 대한 연구가 이어지고 있다.
성체줄기세포는 특정 장기의 세포로 분화되기 직전의 원시 세포, 즉 미분화 세포로 성체가 된 후에도 남아 있는 줄기세포다. 사람의 피부, 제대혈(탯줄 혈액), 골수 등에서 얻을 수 있다. 성체줄기세포를 이용해 이식할 장기를 생산하거나 손상된 장기를 재생하려는 시도가 의료 분야에서 활발하게 이루어지고 있다. 성체줄기세포는 이미 형성된 신체 조직에서 추출하기 때문에 생명 윤리 문제를 일으키지 않는다. 그러나 증식이 어렵고 쉽게 분화되는 경향이 강하며, 소량으로 존재하여 분리해내기가 어렵다. 또한 배아줄기세포처럼 모든 조직이나 기관으로 분화하지 못하고 피부, 근육의 힘줄, 혈구 등으로만 제한적으로 분화(다분화능)할 수 있어 이용하는 데 제약이 따른다.
최근에는 환자의 피부세포와 같은 체세포에 줄기세포에서 주요 기능을 담당하는 조절 유전자를 도입하여(역분화 인자 유전자 주입) 분화, 증식 능력을 갖춘 줄기세포로 역분화시키는 기술이 개발되었다. 이 기술로 생성된 줄기세포를 역분화 줄기세포, 다기능 줄기세포라고 한다. 역분화 줄기세포는 환자의 세포를 사용해 거부 반응이 없고, 인간 복제 같은 윤리 문제도 없는 장점이 있다. 그러나 줄기세포의 분화 능력이 충분히 검증되지 않았고 안전성이 확인되지 않았으며 아직은 성공 확률도 낮다.

생.
각.
거.
리.

줄기세포 주사란 무엇인가?

'줄기세포 주사'는 몸 안에 있는 성체줄기세포를 분리한 다음 농축해 얼굴이나 가슴 등 다른 곳에 넣는 시술이다. 성체줄기세포는 우리 몸 곳곳(골수나 혈액 등)에 소량 존재하는 줄기세포로, 모든 조직으로 분화하는 능력은 없지만 발생 계통이 비슷한 몇 가지 조직으로 분화하는 능력을 갖고 있다. 줄기세포 가슴 성형과 얼굴 성형은 요즘 성형 카페에서 뜨거운 관심사다. 환자의 배나 엉덩이, 허벅지 지방에서 분리한 지방 줄기세포를 이용한다. 지방을 그냥 넣으면 괴사해버리지만, 줄기세포를 함께 넣으면 다양한 성장 인자를 분비해 지방이 죽지 않고 잘 붙어 있게 한다는 것이다. 그러나 정교하게 주입하지 못하면 지방 세포가 뭉쳐 괴사하는 부작용도 있다. 줄기세포를 많이 얻기 위해 골수 · 지방 조직을 과다 채취할 경우 자칫 위험할 수도 있다.

성형외과와 피부과에서 시술하면서 '줄기세포 주사'라고 부르지만 치료제는 아니다. 골수나 혈액에서 추출할 수 있는 성체줄기세포의 양은 워낙 소량이라 치료제로 활용하려면 따로 실험실에서 100배 이상 대량 배양해야 한다. 성체줄기세포도 실험실 배양 과정에서 암세포처럼 무한증식하거나 오염될 위험이 있다. 그래서 충분한 임상시험을 거쳐 안전성이 확보된 치료제만 제한적으로 사용할 수 있다.

일본은 한국보다 규제가 약해 일부 업체에서 환자를 몰래 일본으로 데리고 나가서 임상시험 중인 치료제를 시술하고 오기도 한다. 줄기세포 치료는 주사 한 번에 700만~800만 원에 이르고, 항공료와 숙박비까지 치면 1,500만 원에 이른다. 더구나 부작용 위험도 있다. 일본에서 줄기세포 주사를 맞고 사망한 환자도 있다.

안전하고 값싼 줄기세포를 대량생산할 수 있을까?

꿈의 신소재 '그래핀(graphene)'을 이용해 감염 위험이 없는 환자 맞춤형 줄기세포 배양 기술이 국내 연구진에 의해 개발되었다. 그래핀을 이용해 지지 세포 없이(feeder-free) 인간 역분화 줄기세포를 배양하는 방법을 세계 최초로 개발했다. 기존 배양법에서는 동물에서 유래한 '지지 세포(feeder cell)'를 사용해야 했는데 이를 이용하면 환자에게 치명적 병원균 감염을 가져올 수 있다. 이를 극복하기 위해 '합성고분자 지지체'가 개발됐지만 고가의 비용이 문제였다. 탄소 원자가 평면 형태의 얇은 막 구조를 이룬 나노물질인 그래핀을 기반으로 한 그래핀 지지체는 제작이 간단하고 저렴하다. 여기서 배양한 줄기세포는 분화 기능과 자가 증식 능력을 오랜 기간 유지할 수 있다. 연구진은 "동물에서 유래하지 않은 소재인 그래핀에 줄기세포를 배양함으로써 기존 배양법이 가진 동물 유래 물질로 인한 치명적 감염을 방지할 수 있다"며 "이 기술을 이용하면 앞으로 임상등급 줄기세포 대량생산이 가능해져 재생의학 분야 발전에 크게 기여할 것"이라고 설명했다.

조혈모세포는 무엇인가?

조혈모세포는 백혈구, 적혈구, 혈소판과 같은 우리 몸에 필요한 혈액 세포를 만들어내는 조상 세포다. 즉, 조혈모세포가 분화하고 성장하여, 성숙한 백혈구, 적혈구, 혈소판을 만들어낸다. 조혈모세포는 대부분 골수 내에 있으며, 신생아의 제대혈에도 있다. 조혈모세포를 어디에서 채취하여 이식하느냐에 따라 골수 이식, 제대혈 이식으로 부른다.

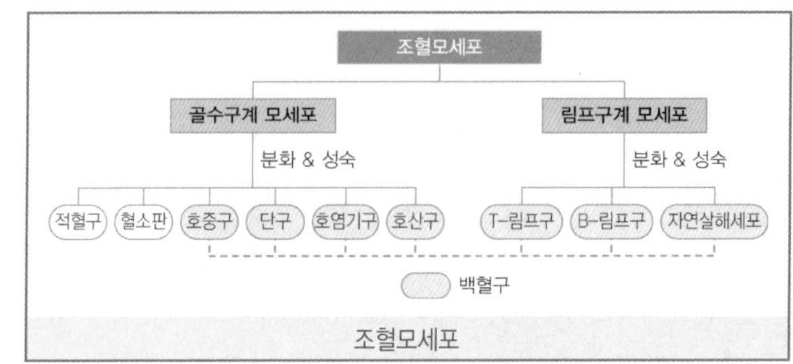
조혈모세포
골수구계 모세포
림프구계 모세포
분화 & 성숙
분화 & 성숙
적혈구
혈소판
호중구
단구
호염기구
호산구
T-림프구
B-림프구
자연살해세포
백혈구
조혈모세포

지질

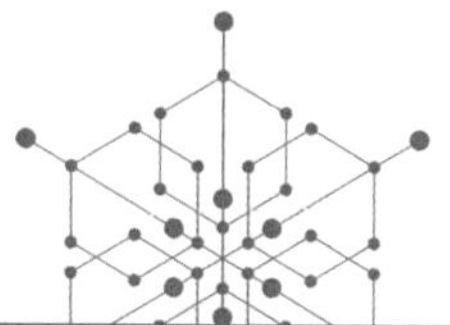

정의 지질(脂質, lipid)은 물에 녹지 않고, 유기 용매(有機溶媒)에 잘 녹는 생물체 구성 물질을 말한다.

해설 지질은 탄소(C), 산소(O), 수소(H)로 구성되며, 질소(N)나 인(P)을 함유하는 것도 있다. 일반적으로 물에 녹지 않고 에테르, 클로로포름, 벤젠, 석유 등 유기 용매에 용해된다. 지질은 탄수화물, 단백질(4kcal/g)보다 많은 열량(9kcal/g)을 내는 에너지 공급원으로, 생리 기능을 조절하거나 몸을 구성하는 데에도 이용된다. 지질이 필요 이상으로 많으면 소비되고 남은 에너지가 피하 지방 세포에 저장되어 살이 찌는데, 동물의 체지방은 열 차단 효과가 있어 체온을 유지시켜 준다.

이 밖에도 지질은 다양한 기능을 한다. 체내의 장기를 보호하는 완충 작용을 하고, 신경을 둘러싼 지질은 전기를 차단하는 역할을 한다. 또한 필수 지방산을 공급해주고, 지용성 비타민의 흡수를 돕기도 한다. 지질은 구성 성분과 화학 구조에 따라 중성 지방, 인지질, 스테로이드 등으로 구분한다.

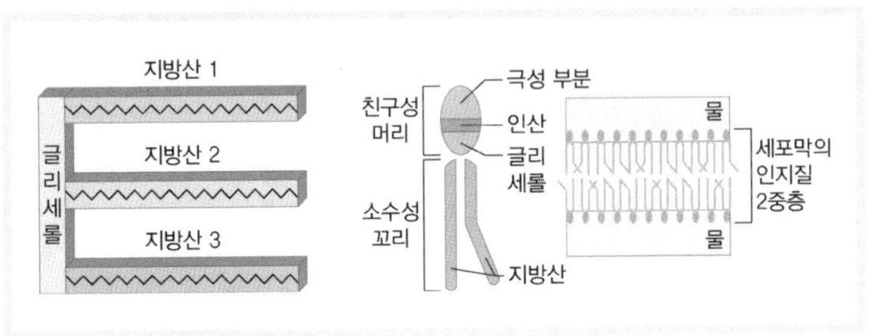

❙중성 지방과 인지질

중성 지방(中性脂肪, neutral fat)은 글리세롤 1분자와 지방산 3분자가 에스테르 결합으로 연결된 탄소 화합물이다. 음식물에 함유된 지질의 약 95%를 차지하며, 보통 지방이라고 부른다. 피하에 저장되어 체온 유지에 중요한 역할을 하며, 에너지원으로 이용된다. 올리브, 참깨, 아주까리, 식용유, 참기름, 돼지비계 등에 많이 들어 있다.

중성 지방은 포화 지방산과 불포화 지방산으로 구분한다. 포화 지방산은 탄소가 단일 결합으로 연결된 지방산으로, 상온에서 고체 상태 상태인 동물성 지방(버터, 돼지기름)에 많다. 과다 섭취 시 혈액 내 콜레스테롤 농도가 높아져 심장질환, 동맥경화, 고혈압을 일으킬 수 있다. 반면 불포화 지방산은 탄소가 하나 이상의 이중 결합으로 연결된 지방산으로, 상온에서 액체 상태인 식물성 지방(올리브유, 들깨기름, 해바라기유)과 생선 기름(참치, 고등어)에 많다. 불포화 지방산이 많이 함유된 지방을 섭취하면 콜레스테롤 수치를 낮춰서 심장질환 발병률을 줄일 수 있다.

인지질(phospholipid, 燐脂質)은 중성 지방에서 1분자의 지방산이 인산기와 질소를 포함하는 화합물로 바뀌어 결합된 지질이다. 단백질과 함께 세포막, 핵막, 미토콘드리아막 등 생체막을 구성한다. 친수성 머리와 소수성 꼬리(양극성)로 구성된 인지질은 극성을 띤 머리는 세포 내부나 외부를 향하고, 중성인 꼬리 부분은 서로 마주 보는 2중 구조로 세포막을 형성한다.

스테로이드(steroid)는 지방산의 변형으로 기본 구조가 4개의 탄소 고리로 되어 있다. 스테로이드의 한 종류인 콜레스테롤은 세포막의 구성 성분이며, 동맥 경화의 원인이 된다. 콜레스테롤은 간에서 합성되며, 지방의 분해를 도와주는 쓸개즙과 스테로이드 계 호르몬(부신 겉질 호르몬, 성호르몬)을 합성할 때 사용된다.

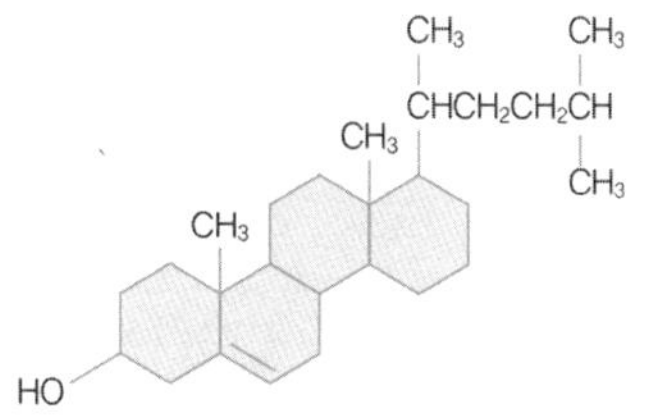

| 콜레스테롤의 구조

이 밖에도 왁스(wax)는 얇은 층을 이루어 식물의 줄기와 잎을 덮고 있으며, 물의 흡수를 막는 역할을 한다. 오리 깃털도 왁스로 덮여 있어 물 위에 떠 있어도 젖지 않는다. 카로티노이드는 식물에 존재하는 지질 색소로 광합성에 관여하고, 프로스타글란딘(prostaglandin)은 지방산 유도체로 동물에서 호르몬 같은 다양한 효과를 지닌 생리 활성 물질이다.

생.
각.
거.
리.

일반 우유가 저지방 우유보다 더 좋다고?

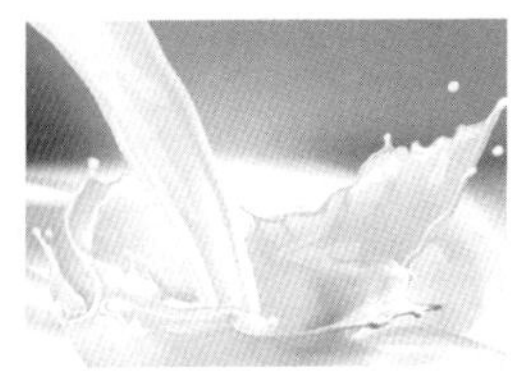

지방이 온전히 함유된 일반 우유가 저지방 우유보다 아이들의 건강에 더 좋다는 연구 결과가 나왔다. 최근 캐나다 연구진은 일반 우유를 마신 아이들이 저지방 우유를 마신 아이들보다 신체질량지수(BMI)가 더 낮았으며 비타민D도 더 많았다는 연구 결과를 발표했다.

연구진은 2,700여 명의 아이들을 두 집단으로 나눠 각각 일반 우유(지방 함유량 3.25% 기준), 저지방 우유를 하루에 한 잔씩 마시게 했다. 신체검사 결과 일반 우유를 마신 아이들이 저지방 우유를 마신 아이들보다 BMI 지수가 평균 0.27 낮았다. 또 일반 우유를 마신 아이들이 저지방 우유를 마신 아이들에 비해 뼈 형성과 면역계에 관여하는 비타민D가 약 3배 이상 더 많았다.

일반적인 통념과는 달리 지방을 온전히 섭취했을 때 오히려 비만에 걸릴 확률이 낮아진 것이다. 이 같은 결과는 일반 우유를 마셨을 때 훨씬 포만감을 많이 느끼기 때문에 고칼로리의 간식을 덜 찾게 되기 때문인 것으로 보인다고 연구진은 설명했다. 아울러 비타민D가 지용성이기 때문에 저지방 우유보다 지방이 더 많이 함유된 일반 우유에 더 많이 함유된 것으로 보인다고 덧붙였다.

연구진은 과도한 지방 섭취를 우려해 아이들에게 저지방 우유를 권장하는 것은 오히려 역효과를 불러올 수 있다고 지적했다. 연구진은 "저지방 우유를 마신 아이들의 비만 확률은 (일반 우유를 마신 아이들보다) 더 낮지 않았다. 또 비타민D도 더 적었다. 저지방 우유는 두 가지 부분에서 일반 우유보다 부정적인 영향을 끼친다"고 말했다.

필수 지방산이란 무엇인가?

체내에서 합성이 안 되고 반드시 음식으로 섭취해야 불포화 지방산을 의미하며, 대표적인 종류가 오메가3와 오메가6다. 오메가3는 참치, 고등어 등 생선기름과 견과류, 들기름, 콩기름에 풍부하다. 오메가6는 옥수수기름, 면실유, 콩기름, 해바라기씨유 등에, 오메가9는 올리브유와 아보카도유, 카놀라유, 포도씨유 등에 풍부하다.

그중 오메가3는 염증과 혈액 응고를 억제하는 기능을 한다. 또 혈중 콜레스테롤 농도를 떨어뜨려 고지혈증을 치료함으로 심혈관 질환을 예방해주고 우울증, 치매 등에도 효과가 있으며 체지방을 분해하는 데 도움이 되기도 한다. 오메가3의 하루 적정량 섭취를 위해서는 등푸른 생선 한두 토막과 견과류 큰 한 스푼 정도씩 챙겨먹는 것이 좋다. 하지만 음식 섭취만으로 필요량을 채우기 어려워 알약으로 먹는 경우가 많다. 오메가6 또한 좋은 콜레스테롤인 HDL를 증가시켜 고지혈증 개선에 도움이 되지만, 현대 사회에서는 옥수수기름이나 콩기름 등으로 인한 오메가6 섭취 비율이 높기 때문에 적정량 이상은 섭취하지 않는 것이 좋다.

트랜스 지방이란 무엇인가?

식품 가공 시 운반과 보관이 어려운 식물성 기름에 수소를 인공으로 첨가하여 고체 기름(경화유)으로 만들어 이용한다. 이 과정 중 일부 불포화 지방산의 구조가 변형되어 트랜스 지방(trans fat)이 생긴다. 트랜스 지방은 자연계에 없던 물질이므로 지방 분해 효소가 분해하지 못한다. 따라서 나쁜 콜레스테롤을 증가시켜 혈관 건강에 나쁜 영향을 미친다. 마가린, 쇼트닝, 도넛, 각종 튀김 등에 많이 함유된 이에 세계 각국에서는 트랜스 지방의 함량 표시제 의무화를 추진하고 있다.

갈색 지방이란 무엇인가?

사람 몸에는 백색 지방(white fat) 세포와 갈색 지방(brown fat) 세포가 있다. 백색 지방은 쓰고 남은 열량을 저장해 체중을 증가시킨다. 비만을 일으킨다고 알려진 일반적인 '지방'은 백색 지방으로 분류된다. 갈색 지방은 지방을 태우는 지방으로 추위를 느낄 때 당이나 지방을 태워 열을 내고 체온을 유지해 주고 체중을 줄여준다. 실제로 갈색 지방을 갖고 있는 사람은 살도 덜 찌고 질병에 잘 걸리지 않고 반대로 갈색 지방이 적은 사람은 에너지를 쓰는 효율이 낮기 때문에 같은 양을 먹어도 몸에 쌓이는 지방이 늘어나 비만이 될 확률이 높다는 사실이 밝혀졌다. 갈색 지방은 신생아와 겨울잠을 자는 포유동물 등에 많이 있지만 성장하면서 대부분 사라져 성인 몸에는 50~100 g 만 존재하는 것으로 알려졌다.

체온 조절

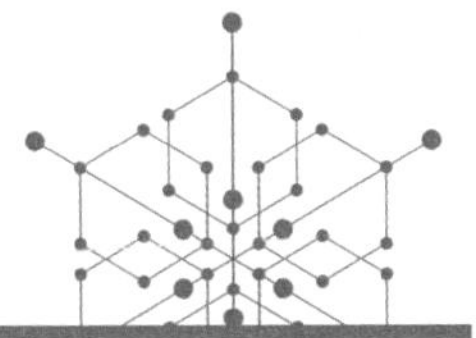

정의 체온 조절(體溫調節, thermoregulation)은 생물체가 외부 기온 변화와 관계없이 체온을 일정하게 유지하기 위한 작용을 의미한다.

해설 사계절이 있는 우리나라는 기온의 변화가 심하다. 이와 같은 기온 변화에도 사람의 체온은 36.5℃ 정도로 일정하게 유지된다. 그 이유는 그 온도가 효소의 최적 온도이기 때문이다. 물질대사는 효소가 최적 온도 범위에 있을 때 원활하게 진행된다. 그러므로 생물체가 체온을 일정하게 유지하는 것은 생명 활동에 매우 중요하다.

체온 조절의 중추는 간뇌의 시상 하부다. 시상 하부가 체온 변화를 감지하면 신경과 호르몬을 통해 체내에서의 '열 발생량'과 몸의 표면을 통한 '열 발산량'을 조절하여 체온을 일정하게 유지한다. 체온 조절을 위해 열 발생량과 열 발산량을 변화시키는 것은 집 온도를 조절하는 것에 비유할 수 있다. 예를 들면 창문을 열고 닫는 것은 열 발산량을 조절하는 것이고, 보일러를 켜고 끄는 것은 열 발생량을 조절하는 것이다. 날씨가 추워지면 창문을 닫고 보일러를 켜는데 이는 창문을 닫아 열 발산량을 감소시키고, 보일러를 켜서 열 발생량을 증가시키는 것이다. 날씨가 더워지면 창문을 열고 보일러를 끄는데 이는 창문을 열어 열 발산량을 증가시키고, 보일러를 꺼서 열 발생량을 감소시키는 것이다.

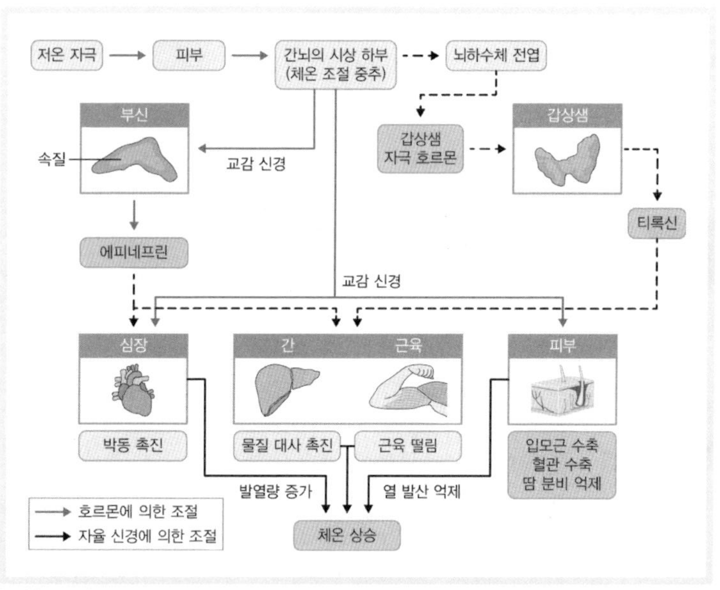

| 체온 조절

체온이 낮아지면 간뇌의 시상하부에 있는 체온 조절 중추에 신호가 전달되고 교감 신경을 흥분시킨다. 교감 신경은 심장 박동을 촉진하고 피부의 입모근과 피부 근처에 분포한 모세혈관을 수축시키며 땀 분비를 억제한다. 심장박동이 촉진되면 물질대사에 필요한 산소와

영양소의 공급이 원활해진다. 입모근이 수축하면 털이 옆으로 회전하면서 수직으로 서게 되면서 피부에 소름이 돋고, 피부의 모세혈관이 수축하면 피부 표면으로 가는 혈류량이 감소하여 열 발산량이 감소하고, 몸의 중심으로 흐르는 혈액량은 많아진다. 또한 피부색이 약간 푸르스름하거나 창백해 보인다. 이는 모두 피부에서의 열 발산량을 줄이기 위한 과정이다. 또한 시상하부는 골격근을 수축시켜 몸 떨기와 같은 무의식적인 근육운동을 일으킨다. 이는 열 발생량을 증가시켜 체온을 효과적으로 높인다. 유아의 경우, 저온 자극에 의한 교감신경의 활성화로 부신속질에서 에피네프린의 분비가 촉진되고 시상하부와 뇌하수체 전엽이 갑상샘의 작용을 촉진하여 티록신의 분비량도 증가한다(성인의 경우는 미약). 이 두 호르몬에 의해 물질대사가 촉진되어 열 발생량이 증가한다. 이러한 일련의 작용들로 체온이 올라가 적정한 온도에 이르면 '음성 피드백'에 의해 체온조절중추는 체온을 높이는 조절 신호를 더 이상 보내지 않는다.

체온이 올라가면 시상하부의 체온조절중추는 물질대사를 억제하여 열 발생량을 줄이고 피부를 통해 열 발산량을 늘린다. 부교감신경의 흥분으로 심장박동과 물질대사가 억제되고, 근육이 이완되어(근육의 긴장도 감소) 열 발생량을 감소시킨다. 교감신경의 작용이 완화되어 땀 분비 촉진, 피부 모세혈관 확장 및 입모근 이완 등이 일어나 열 발산량을 증가시켜 체온을 내린다. 이 경우에도 체온이 적정 온도에 이르면 체온조절중추는 체온을 낮추는 조절 신호를 더 이상 보내지 않는다.

생. 각. 거. 리.

고열은 왜 위험할까?

효소는 단백질로 온도에 매우 민감한데 사람의 경우 체온이 41℃가 되면 적혈구 속에서 산소 운반을 가능하게 하는 효소 등 일부 효소가 손상을 입기 시작하고 1℃가 높아질 때마다 더 많은 효소가 파괴된다. 한번 파괴된 효소는 회복 불가능하므로 고열은 반드시 예방하거나 적극적으로 대처해야 한다.

아기의 몸은 왜 어른보다 따뜻할까?

보통 아기의 체온은 어른에 비해 0.3~0.5℃ 정도 높다. 체온 조절 기능이 미숙해 주변의 환경에 따라 쉽게 열이 오르기 때문에 나타나는 현상이다. 사람의 몸은 작을수록 체표 면적이 커진다. 체표 면적이 크면 그만큼 외부로부터 빼앗기는 열의 양이 증가하므로 몸 안에서 더욱 많은 열을 발생시키기 때문에 체온은 올라가게 되는 것이다. 그래서 몸집이 작은 아기가 어른에 비해서 체온이 높은 것이다. 그런가 하면 아기는 조금 피곤하거나 환경이 바뀌어도 쉽게 열이 난다. 또 성장하는 과정에서 많이 움직이며 신진대사도 활발해져 체온이 올라가는 것이다.

병원체에 감염되면 왜 체온이 올라갈까?

병원체에 감염되면 생리 활성 물질인 프로스타글란딘이 생성되어 체온조절중추의 설정 온도를 높이기 때문이다(평상시 기준 온도는 36.5℃). 이처럼 체온을 올리는 이유는 세균이나 바이러스의 증식을 막기 위해서다. 따라서 체온이 올라갔다고 무조건 해열제를 복용하는 것은 오히려 좋지 않다. 어느 정도의 체온 상승은 우리 몸의 방어 체계이므로 그대로 두는 것이 좋다.

항상성

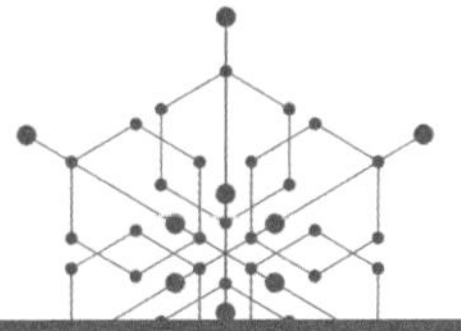

정의 항상성(恒常性, homeostasis)은 생물체가 체내외 환경의 변화와 관계없이 내부 환경을 항상 일정하게 유지하려는 성질이다.

해설 생물체 안에서 생명 현상이 원활하게 일어나기 위해서는 생물체 내의 환경이 알맞게 유지되어야 한다. 생명체가 외부 환경 변화나 스트레스 등에 대응하여 체내 상태를 일정하게 유지하려는 특성을 '항상성'이라고 한다.

항상성 조절 작용에는 체온 유지, 심장박동 조절, 일정한 혈압 유지, 혈당량 유지, 혈액 중 산소와 이산화탄소의 농도 조절, 무기 염류량 유지, 체내 수분량 유지 등이 있다.

체온 유지를 위해 더운 날에는 땀을 흘리거나 헐떡이며, 추운 날에는 몸을 떨거나 털이나 깃털이 있는 생물의 경우 그것을 두텁게 한다. 모든 동물은 혈당을 일정하게 조절한다. 포유류는 인슐린과 글루카

곤을 통해 혈당량을 조절한다. 사람은 하루 종일 혈당량을 일정하게 유지하며, 24시간 동안 공복 상태로 있더라도 혈당은 유지된다. 오랜 시간을 공복 상태로 있으면 혈당량은 약간 감소한다. 물을 많이 마시면 우리 몸의 삼투압을 유지하기 위해 오줌의 양이 증가한다. 신장은 과다한 수분과 이온을 오줌을 통해 배설함으로써 체내 수분과 이온 균형을 맞춘다. 그뿐 아니라 염과 요소도 신장을 통해 배출되므로 신장은 포유류의 항상성 조절에 중요한 기관이다. 혈액과 림프액이 부족하면 일차로는 세포에 저장된 수분으로 보충하며 입과 목이 건조해지고, 동물은 갈증을 느끼고 외부에서 수분을 섭취한다. 이 밖에도 혈액의 산소 포화도가 감소하거나 이산화탄소 농도가 증가하면 심장박동 수와 혈류량이 증가하고, 호흡 속도 및 호흡량이 증가한다. 이러한 모든 현상은 항상성을 유지하기 위한 것이다.

항상성 유지는 대부분 음성 피드백 작용과 길항 작용에 의해 이루어진다. 음성 피드백 작용은 결과가 원인에 작용하여 결과를 줄이는 방향으로 조절이 일어난다. 이는 신체의 생리 기능이나 체액의 성분이 좁은 범위 내에서 유지되도록 하며 갑작스러운 변화를 막는 데 목적이 있다. 대부분의 호르몬 분비는 음성 피드백에 의해 조절되어 적정 수준을 유지한다. 길항 작용은 한 기관에 분포하면서 한쪽이 기능을 촉진시키면 다른 쪽은 기능을 억제하여 그 기관의 기능을 일정하게 유지하는 원리다. 대표적인 길항 작용의 예로는 교감신경과 부교감신경의 작용이 있다. 교감신경이 작용하면 호흡이 증가하고 맥박이 빨라지지만, 부교감신경이 작용하면 호흡과 맥박이 안정된 상태로 돌아온다. 자동차의 액셀과 브레이크, 인슐린과 글루카곤 등도 길항 작용의 예다.

생.
각.
거.
리.

체온과 면역력이 관계가 있을까?

의학전문의 사이토 마사시는 『체온 1도가 내 몸을 살린다』(이진후 옮김, 나라원, 2011)에서 "정상 체온보다 낮은 사람은 세균이나 유해물질이 몸 안으로 들어오면 이를 물리치는 발열 작용이 충분히 일어나지 않아 병에 걸리기 쉽다"고 했다. 체온을 1℃만 높여도 면역력이 몇 배나 강화되고 건강한 몸으로 살수 있다는 것이다. 사람의 정상 체온은 36~37.5℃다. 물론 나이, 성별, 스트레스, 활동량 등에 따라 차이가 나겠지만 일반적으로 정상 체온을 유지한다. 하지만 특히 주의해야 할 시기가 있다. 바로 겨울철. 겨울의 차가운 환경은 체온을 떨어뜨리는데, 우리 몸은 체온이 1℃만 떨어져도 각종 면역 질환에 노출되기 쉽다.

체온 1℃ 올리는 방법에는 어떤 것들이 있을까? 가장 간단하면서도 효과적으로 체온을 끌어올리는 방법은 '목욕'이다. 목욕물 온도는 체온보다 조금 높은 38~40도가 적절하며, 20분 이내로 하는 것이 좋다. 또한 차가워진 몸을 따뜻하게 덥혀주는 '웜업푸드(warm-up food)'는 겨울철 지친 몸을 지켜준다. 몸을 따뜻하게 하는 음식으로는 생강, 견과류, 부추, 고추 등이 있다. 이 밖에도 비타민C가 풍부한 유자, 감기 예방에 좋은 단호박, 수족냉증에 효과적인 대추, 냉기를 빼는 데 효과적인 계피 등이 있다.

추운 겨울에 체온을 따뜻하게 지켜주는 대표적인 아이템은 '발열내의'다. 특히 땀을 흡수해 열을 내는 기능성 발열내의는 체온을 3~5℃ 가량 상승시켜준다. 신체기관 중 체온 조절이 가장 취약한 것으로 알려진 목이 노출되면 체온이 쉽게 떨어진다. 그렇기 때문에 목도리 같은 것으로 목을 따뜻하게 감싸주는 것이 좋다. 또한 최근에는 보온을 위해 출퇴근길, 등하굣길은 물론 야외 스포츠, 캠핑 등에 '핫팩'이 필수품으로 자리 잡고 있다. 기능별로 몸의 여러 부위에 부착할 수 있는 제품도 만나볼 수 있다.

림프절 마사지 또한 체온 유지에 도움이 된다. 림프절 마사지란 림프절이 있는 머리와 목, 겨드랑이, 무릎 뒤, 가랑이 안쪽을 부드럽게 문질러주거나 따뜻하게 해주는 간단한 마사지법이다. 림프절을 자극해 몸의 순환을 도와 온몸을 따뜻하게 해주는 효과가 있다. 이 밖에도 혈자리 지압법이 있다. 목 뒷부분에 있는 대취혈, 그리고 손바닥에 있는 소부혈(넷째 손가락 사이 선과 지문이 만나는 지점)을 세게 60번 정도 지압해주면 좋다.

땀이 나면 체온은 1℃, 면역력은 5배 상승한다. 그렇기에 땀이 날 정도의 적당한 운동은 체온을 높이고 면역력을 강화하는 가장 좋은 방법이다. 체온이 낮아지는 겨울에는 상대적으로 열이 빠르게 나지 않아 운동효과를 보기가 다소 어렵다. 그래서 유산소운동을 권한다. 유산소운동은 상대적으로 다른 운동보다 몸에 열이 빠르게 나는 겨울철 효과적인 운동법이다.

한편 다른 계절에 비해 겨울철 운동은 신경 써야 할 부분이 많다. 방한용품으로 몸의 보온을 관리하면서 얇은 옷을 여러 벌 껴입는 것이 좋다. 또 겨울 칼바람을 고려하지 않고 섣불리 몸을 움직이면 부상을 입기 십상이다. 하지만 가장 중요한 것은, 꾸준한 운동 습관이다.

항상성이 무너지면 어떤 일이 발생할까?

우리 몸은 항상성 유지를 위해 자율신경(신경계)와 호르몬(내분비계)을 통한 조절 작용이 잘 발달되어 있다. 그런 체계에 이상이 오면 생명체는 병이 생기거나 죽음에 이르게 된다. 생명체가 나이가 들면서 항상성 조절계의 효율이 감소하고, 내부 환경은 점진적으로 불안정해진다. 따라서 질병 위험 요소가 늘어나고 노화와 연관된 신체적 변화가 나타난다.

호르몬

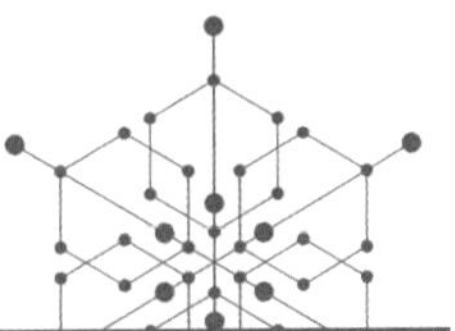

정의 호르몬(hormone)은 내분비샘에서 합성되고 분비되어 특정 조직이나 기관의 생리 작용을 조절하는 화학 물질을 의미한다.

해설 우리 몸의 내부 상태는 신경계와 내분비계의 작용으로 일정하게 유지된다. 내분비계는 호르몬을 생산하고 분비하는 분비샘과 조직들로 이루어져 있다. 대부분의 척추동물 호르몬은 내분비계에서 만들어져 혈액으로 분비되어 온몸을 순환하다가 특정 기관에 운반되어, 그 기관의 활동이나 성장, 생식, 대사, 항상성(homeostasis) 등의 여러 생리적 활성에 영향을 준다. 표적 기관은 특정 호르몬을 받아들일 수 있는 수용체를 가진 특정 기관을 의미한다. 호르몬은 표적 기관에만 영향을 주며, 표적 세포의 대사 활동에 변화를 일으킨다. 일반적으로 호르몬은 내분비샘에서 분비되는데, 신경 조직에서 분비되면서 호르몬 작용을 하는 물질이 있다. 이러한 물질은 내분비샘에서 분비되는 호르몬과 구별하여 '신경 분비 물질'이라고 한다.

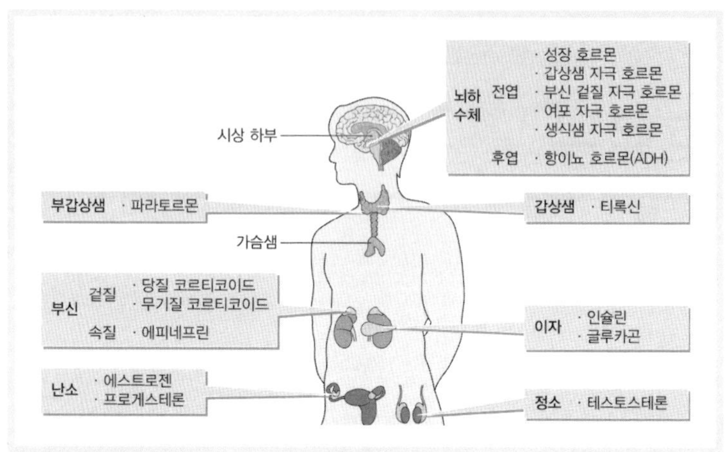

| 사람의 내분비샘

내분비샘에서 분비되는 호르몬의 양을 조절하는 중추는 간뇌의 시상 하부다. 시상 하부는 신경으로부터 체내 상태와 외부 환경에 대한 정보를 받아들이고, 뇌하수체와 같은 내분비샘에 적절한 신호를 보내 호르몬을 분비하게 한다. 뇌하수체 전엽은 다른 여러 내분비샘의 호르몬 분비를 조절하는 내분비계의 중심이다. 다른 내분비샘을 자극하는 호르몬을 분비하고 스스로는 시상 하부에서 분비되는 방출 호르몬에 의해 조절된다. 젖분비 자극 호르몬(LTH, 프로락틴), 성장 호르몬(GH), 갑상샘 자극 호르몬(TSH), 부신겉질 자극 호르몬(ACTH), 여포 자극 호르몬(FSH)과 황체 형성 호르몬(LH) 등은 뇌하수체 전엽에서 분비되고 항이뇨 호르몬(ADH, 바소프레신)과 옥시토신은 뇌하수체 후엽에서 분비된다.

뇌하수체 외에 갑상샘, 부갑상샘, 부신, 이자, 난소, 정소 등에서도 여러 종류의 호르몬이 분비된다. 체온 유지 및 신체 대사의 균형을 유지하는 데 중요한 역할을 하는 티록신(thyroxin, 갑상샘 호르몬)과 혈액 속 칼슘 이온의 농도를 낮추는 역할을 하는 칼시토닌은 갑상샘에서 분비되는 호르몬이다. 혈액 속의 칼슘 이온 농도를 증가시키는 파라토르몬은 부갑상샘에서, 당질 코르티코이드과 무기질 코르티코이드(알도스테론)은 부신겉질에서, 아드레날린(에피네프린)은 부신속질에서 분비된다. 이자에서는 글루카곤과 인슐린이, 정소에서는 남성 호르몬(테스토스테론)이, 난소에서는 여성 호르몬(에스트로겐과 프로게스테론)이 분비된다.

생.
각.
거.
리.

왜 남자는 가을을 타고 여자는 봄을 타는 걸까?

가을이면 이상하게 기분이 가라앉고 외로운 기분이 든다. 원인은 일조량 변화 때문이다. 뇌에는 시상하부라는 생활 리듬을 조절하는 생물학적 시계가 존재한다. 해가 뜨면 일어나고 밤이 되면 자듯이 인간의 생활 리듬은 낮과 밤의 주기에 따라 반응한다. 가을과 겨울에는 기온과 햇볕 감소에 따라 일조시간이 부족해진다. 이는 에너지 부족과 활동량 저하, 슬픔, 과식, 과수면 증상을 일으키는 생화학적 반응을 유도한다.

일조량 감소 ▶ 멜라토닌 증가, 세로토닌 감소 ▶ 외로움 증가

이와 관련된 것으로 알려진 물질 중에 '멜라토닌'이라는 호르몬이 있다. 멜라토닌은 송과선(뇌의 중앙에 있는 작은 내분비선)에서 분비되는 호르몬으로, 수면 주기를 조절한다. 멜라토닌은 일조량과 반비례하는데 밤에 많이 생성되고 낮에는 덜 생성된다. 따라서 가을이나 겨울에는 여름보다 상대적으로 더 분비된다. 멜라토닌

분비 체계에 이상이 발생한 경우 계절성 우울증이 생길 수 있다. 또 햇볕을 쬐면 비타민D가 생성돼 뇌 속의 '세로토닌' 분비가 활성화된다. 세로토닌은 신경 전달 물질로 심리적 안정과 엔도르핀 생성을 촉진하는 호르몬이다. 하지만 이 세로토닌이 가을과 겨울에는 일조량이 적어 활성도가 낮아지고 우울증 발병에 보다 취약해진다.

감소된 비타민D는 남성 호르몬인 '테스토스테론' 분비도 줄어들게 한다. 비타민D가 고환에서 남성 호르몬의 분비를 조절하기 때문이다. 결국 멜라토닌 상승과 세로토닌 하강이 남성에게 가을을 타게끔 유도하는 것이다. 저하된 남성 호르몬은 남성의 활동력과 야성적인 모습을 감소시키고 외로움과 쓸쓸함을 더 크게 느끼게 한다.

반면 겨울에서 봄으로의 계절 변화는 다른 계절과 달리 급속도로 진행된다. 기온이 상승함에 따라 신체 온도가 오르고 겨우내 긴장했던 근육이 이완되면서 일부 호르몬의 분비 패턴이 바뀐다. 이때 여성의 몸에는 '세로토닌' 양이 증가한다. 여성은 남성에 비해 외부 감각에 예민하기 때문에 계절 변화에 민감하다. 특히 겨울보다 봄에 대뇌 기능이 더욱 활성화된다. 빛 정보를 처리하는 시각 영역이 여성에게 두드러지기 때문이다. 칙칙한 무채색 계열의 겨울과 달리 봄이 되면 화사해지면서 시각적 정보에 여자가 더 큰 영향을 받게 된다. 시각적 영향을 받아 증가된 세로토닌은 여성의 기분을 좋게 하거나 들뜨게 한다. 그래서 봄에 마음이 싱숭생숭하고 감정기복이 심해지는 '봄 타는' 모습을 보이는 것이다.

계절을 타는 것은 일조량 감소와 밀접한 연관이 있어 매일 일정 시간 햇볕을 쬐는 광선요법이 효과가 있다. 하루 30분 이상 햇볕을 쬐면 비타민D가 생성돼 뇌 속의 세로토닌 분비가 활성화된다.

만약 2주 이상의 심한 우울함, 흥미 감소, 죄책감, 자살 사고 등을 동반한 우울증이 발생했을 경우엔 전문가의 도움을 받는 것이 좋다.

여성에게도 변성기가 찾아올까?

찾아온다. 사춘기가 되면 남녀 모두 성호르몬 분비가 왕성해지면서 2차 성징이 나타난다. 목소리를 만들어내는 후두도 성호르몬에 영향을 많이 받으므로 목소리가 변한다. 단 여성은 남성에 비해 약한 변성기를 겪으며 목소리가 약간 굵어질 수 있다. 나이가 들면 성호르몬의 분비가 줄어들어 또다시 목소리가 변한다. 남성은 성대가 얇아지면서 목소리가 높아지고, 여성은 성대가 굵어지면서 목소리가 낮아진다.

남성에게도 갱년기가 나타날까?

'남성갱년기'라는 말이 있을 정도로 남성에게도 갱년기 증상이 나타난다. 남성 갱년기는 여성 갱년기와 증상이 비슷하다. 남성 호르몬인 테스토스테론의 수치가 떨어지고, 성욕이 감퇴하며, 근육량이 줄어든다. 여성 호르몬의 수치가 급격히 떨어지는 여성의 갱년기와는 다르게 남성 갱년기는 호르몬이 30대 이후 매년 1%씩 감소하고 60대까지 꾸준히 감소한다. 테스토스테론은 남성 갱년기 외에도 당뇨와 같이 건강에 문제가 있을 때 수치가 떨어지기도 한다. 하지만 특정 질병이 없는데도 테스토스테론 수치가 낮다면 치료를 통해 회복할 수 있다.

"아이를 많이 낳을수록 빨리 늙는다"는 건 엉터리?

캐나다 사이머프레이저 대학 연구진(파블로 네폼나스취 교수 팀)이 출산 경험이 있는 여성과 자녀의 수를 조사해 이와 노화가 어떤 관련이 있는지 조사한 결과, 자녀가 많을수록 노화가 늦게 오는 것으로 나타났다. 연구진은 노화에 영향을 미치는 텔로미어의 길이를 13년 간격을 두고 두 번에 걸쳐 측정했다. 텔로미어는 염색체의 말단 부분으로 세포분열이 진행될수록 길이가 짧아져 나중에는 매듭만 남게 되고, 결국 세포복제가 멈춰 없어지는 것으로 알려졌다. 텔로미어 측정 결과, 자녀가 많은 여성일수록 텔로미어가 짧아지는 속도가 더디다는 것을 확인했다. 이 결과는 기존 이론이었던 자녀를 많이 낳으면 빨리 늙는다는 내용과 반대되는 것이다.

뇌하수체 전엽과 후엽의 기능은 어떤 차이가 있을까?

뇌하수체 전엽은 스스로 호르몬을 생산, 분비하지만, 후엽은 스스로 호르몬을 생산하지 않고 시상 하부에서 생산된 호르몬을 저장해 두었다가 필요시에 분비한다.

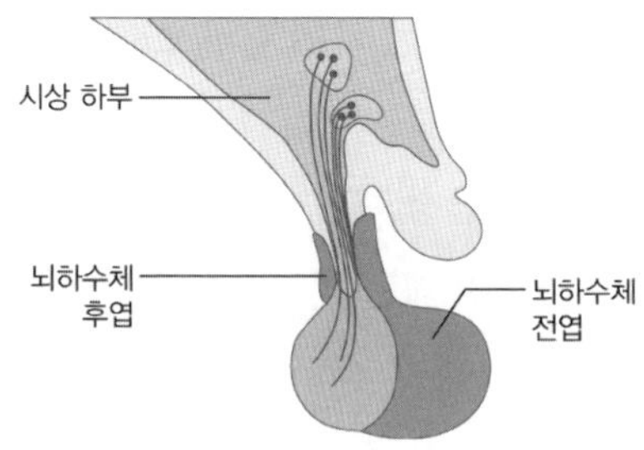

흥분 전달

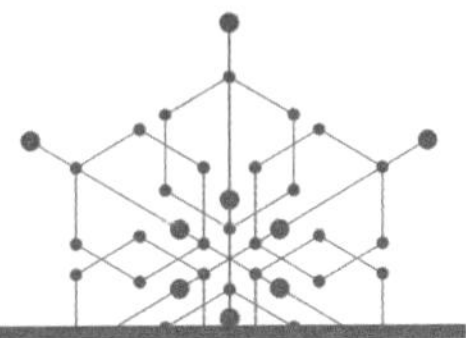

정의 흥분 전달(興奮傳達, transmission of excitation)은 한 뉴런의 축삭돌기 말단에서 다음 뉴런으로 흥분이 이동하는 것이다.

해설 '흥분 전도'는 하나의 뉴런 내에서 흥분이 이동하는 것이라면, '흥분 전달'은 시냅스에서 신경 전달 물질을 통해 한 뉴런에서 다음 뉴런이나 근육세포로 흥분이 이동하는 것이다.

시냅스(synapse)란 한 뉴런의 축삭돌기 말단과 다른 뉴런의 가지돌기나 신경세포체가 연결되는 부위를 말한다. 시냅스를 이루고 있는 두 뉴런은 약간의 간격(20nm 정도)을 두고 인접해 있는데 이를 시냅스 틈이라고 한다. 시냅스를 이루고 있는 두 뉴런 중 흥분을 전달하는 뉴런은 '시냅스 전 뉴런'이라 하고, 전달받는 뉴런은 '시냅스 후 뉴런'이라고 한다. 전도는 흥분이 발생한 부위에서 양쪽 방향으로 이동하는 데 반해 전달은 일방적으로 한쪽 방향으로만 일어난다.

축삭돌기의 흥분이 축삭돌기 말단에 도달하면 Ca^{2+}이 세포 내로 유입된다. Ca^{2+}의 작용으로 시냅스 소포(小胞)가 세포막 가까이 이동하고 세포막과 융합하여 시냅스 소포 내에 있는 신경 전달 물질이 시냅스 틈으로 방출된다. 신경 전달 물질이 확산되어 시냅스 후 뉴런의 신경세포체나 가지돌기의 수용체와 결합하면 시냅스 후 뉴런 세포막의 Na^+통로가 열려 탈분극이 일어나 활동 전위가 발생한다. 신경 전달 물질은 가수 분해 효소에 의해 분해되거나 능동 수송에 의해 시냅스 전 뉴런으로 재흡수되고, Na^+통로는 닫힌다.

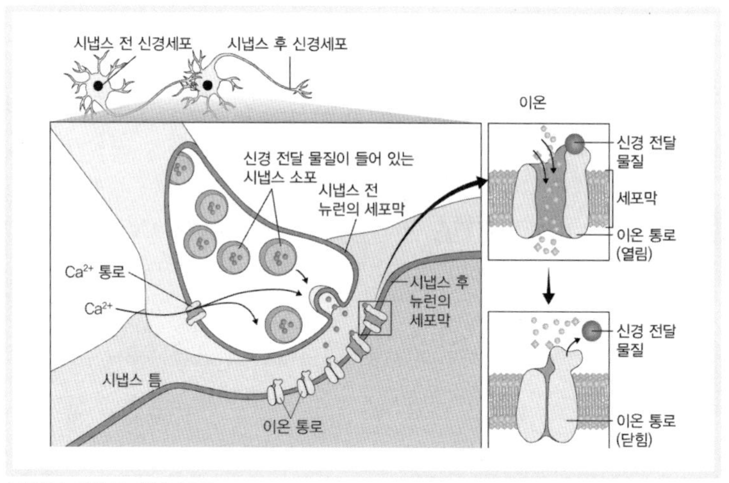

| 시냅스에서의 흥분 전달

신경 전달 물질은 뇌를 비롯하여 체내의 신경세포의 시냅스에서 분비되어 인접해 있는 신경세포 등에 정보를 전달하는 물질로 수십 종류가 발견되었으며, 대표적인 것은 아세틸콜린이다. 이 밖에도 아드레날린, 도파민, 세로토닌, 글리신, 히스타민 등이 있다. 시냅스나 부교감신경 말단 및 운동신경 말단에서는 아세틸콜린이 분비되고, 교감신경의 말단에서는 아드레날린 또는 노르아드레날린이 분비된다.

생.
각.
거.
리.

복어의 어떤 독이 치명적인 걸까?

복어의 알이나 내장에 들어 있는 테트로도톡신이라는 화합물은 사람의 목숨을 앗아갈 만큼 맹독성을 지닌다. 그것이 우리 몸에서 어떤 작용을 하는 걸까?

테트로도톡신이 체내에 들어가면 30분에서 3시간 내에 입술과 혀가 마비되기 시작하며, 중독이 심하면 운동장애와 호흡마비를 일으켜 생명을 앗아간다. 세포막에 있는 이온 통로는 세포막을 이룬 리피드층 속에 묻혀 있는 단백질 분자가 만드는데, 테트로도톡신은 이 단백질 분자를 좋아해 만나자마나자 친화적 상호작용으로 이온 통로를 막아버린다. 그리고 이온 통로가 막히면 신경충격과 신경전달이 중단되어 골격에 이어 심장근육이 마비된다. 불행히도 아직까지 이온 통로를 열 수 있는 방법이 없어서 복어의 해독 방법도 찾지 못한 것이다.

사랑의 묘약이 되는 신경 전달 물질은?

누군가를 사랑한다는 것은 인간의 뇌가 그러한 감정을 가진다는 것으로, 이는 매우 복잡한 화학적 반응을 거친다는 것을 의미한다. 뇌가 화학적 반응을 거친다는 의미는 생물학적으로 신경세포 상호간 신호 전달이 이뤄진다는 것으로 해석할 수 있다. 눈, 코, 입 등 감각기관이 어떤 자극을 받아들이면 신경세포는 신경 전달 물질이라는 화학 물질을 시냅스를 통해 상호간 주고받는다. 신경전달 물질은 대략 50여 종이 존재하는 것으로 보고됐다.

인간이 누군가를 사랑한다는 마음을 갖는 것은 이와 같은 신경 전달 물질이 작용한 결과로 이해할 수 있다. 여러 신경 전달 물질 가운데 이를테면 감정을 흥분시키고 분위기를 고조시키는 신경 전달 물질도 존재한다. 이런 신경 전달 물질은 이른바 사랑의 전령사, 사랑의 묘약이라고 할 수 있다. 페닐에틸아민이라는 신경 전달 물질은 대표적인 사랑의 묘약 가운데 하나로 알려져 있다. 페닐에틸아민 수치가 올라가면 이성이 마비되고 열정이 분출돼 행복감에 도취되기 때문이다. 페닐에틸아민이 증가하면 사랑에 빠지는 감정을 느끼게 되고 반면에 페닐에틸아민이 부족하면 우울증에 걸릴 확률이 높아진다. 그럼 페닐에틸아민의 체내 농도는 어떻게 높일 수 있을까? 페닐에틸아민은 음식물을 통해서는 직접 섭취할 수는 없지만 단백질을 통해서 간접적인 섭취가 가능한 물질이다. 단백질을 구성하는 필수 아미노산 가운데 하나인 페닐알라닌이라는 아미노산을 섭취하면 우리 몸은 페닐알라닌을 페닐에틸아민으로 전환하기 때문이다.

페닐알라닌은 단백질의 구성 성분인 아미노산의 하나인 만큼 단백질이 풍부한 음식에 많이 들어 있다. 이를테면 쇠고기, 돼지고기 등의 육류와 콩 등은 페닐알라닌을 다량 함유하고 있다. 분위기 있는 레스토랑에서 소고기 스테이크를 먹을 때 사랑의 감정이 샘솟는 것을 비단 비싼 레스토랑이 제공하는 호사스러운 분위기 때문만은 아니라는 것이다. 기실 페닐에틸아민은 마약의 주성분인 암페타민 성분에 속하기도 한다. 이 성분은 흥분작용과 함께 부분적으로 감각 인지 기능을 변화시키는 역할을 한다. 사랑에 빠졌을 때 구름 위를 둥둥 떠다니는 것과 같은 기분이라는 말은 페닐에틸아민의 이 같은 성분 때문에 유래된 말이다.

페닐에틸아민 외에도 엔도르핀, 세로토닌 역시 대표적인 사랑의 묘약이다. 엔도르핀은 뇌 속의 마약으로 불리며, 모르핀보다 효과가 백배나 강한 것으로 알려졌다. 모르핀은 아편의 주성분으로, 심한 외상이나 수술 후 통증을 효과적으로 없애주는 효과가 있다.

엔도르핀은 내인성 모르핀(ednogenous morphines)을 줄여서 엔도르핀이라고 부른다. 엔도르핀은 우리 몸이 스트레스를 받았을 때 통증, 불안 등을 경감시켜 준다. 산부가 출산의 고통을 감내할 수 있는 것도 엔도르핀 덕분이다.

체내 엔도르핀 생산을 증진시키는 식품 가운데 하나가 바로 초콜릿이다. 매년 2월 14일 밸런타인데이에 여성이 사랑하는 남성에게 초콜릿을 선물하는 것도 따지고 보면 초콜릿에 사랑을 불러오는 성분이 함유돼 있기 때문이다. 초콜릿에는 강한 신경 자극 물질이 포함돼 있는데 이 물질이 긴장을 완화시키고 편안함 느낌을 갖도록 유도하며 엔도르핀 생산을 촉진한다. 이 엔도르핀은 뇌 속의 모르핀이라는 별칭을 가질 만큼 강력한 쾌감을 수반하지만 중독성이라는 문제점이 있다. 우리 몸이 이 엔도르핀의 중독성을 효과적으로 조절한다면 다행이지만 안타깝게도 의학적으로 인체는 엔도르핀에 대한 자제 능력이 없는 것으로 알려졌다.

한편 세로토닌은 이른바 행복 호르몬으로 알려져 있다. 엔도르핀과 세로토닌은 모두 비슷한 화학 구조식을 가지며 같은 각성 기능을 갖지만 미묘한 차이가 있다. 이를테면 소주를 한 병 마신다고 가정할 때 한 잔을 마시고 기분이 좋아지는 상태를 세로토닌 상태라고 한다면 엔도르핀은 한 병을 마셔서 기분이 매우 흥분된 상태라고 말할 수 있다. 세로토닌은 주로 낮에 왕성한 활동을 하는 신경 전달 물질로 낮에 햇볕을 많이 쬐어서 세로토닌 분비가 증가하면 기분이 좋아지는 효과를 갖게 된다. 세로토닌이 낮에 주로 활동을 하는 것은 세로토닌의 일주기성과 밀접한 관련이 있다. 때문에 세로토닌이 많이 만들어지기 위해서는 햇볕을 많이 쬐는 것이 도움이 된다. 비가 내리는 우중충한 날씨보다 화창한 날씨에서 데이트를 할 때 사랑이 절로 무르익는 것은 일조량에 민감하게 반응하는 세로토닌의 영향과 무관치 않다.

사랑의 묘약은 남성과 여성 중 누구에게 더 효과가 있을까. 인간이 감정을 잘 느낀다는 것은 신경신호가 뇌 속에 활발히 전달된다는 것을 의미한다. 신경신호는 신경세포를 통해 전달되는데 남성보다는 여성이 보다 더 신경신호가 잘 전달되는 것으로 알려졌다. 이를 뇌 과학에서는 감정의 역치(emotional threshold)라고 표현한다. 쉽게 말하면 어떤 감정이 터지기 위한 최소한의 문턱을 의미한다. 여성의 경우에는 이 감정의 역치가 남성보다 상대적으로 낮아 작은 자극에도 감정이 잘 터지는 것이다. 이런 이유로 여성은 일상의 소소한 문자에도 감동을 받고 사랑의 감정을 느끼기도 하는 것이다.

사랑의 묘약의 유효기간은 얼마나 될까? 사람이 사랑에 빠지면 페닐에틸아민, 엔도르핀, 세로토닌 등과 같은 사랑의 전령사가 샘솟듯이 분비되면서 눈에 콩깍지가 씐다. 한 번 콩깍지가 씌면 오로지 그 사람만이 눈에 들어오게 되고 열정적인 사랑에 빠지는 것이다. 하지만 평생 콩깍지를 쓰고 사는 것은 아니다. 호르몬 또는 신경 전달 물질의 분비가 서서히 줄어들기 시작하기 때문이다.

ABO식 혈액형

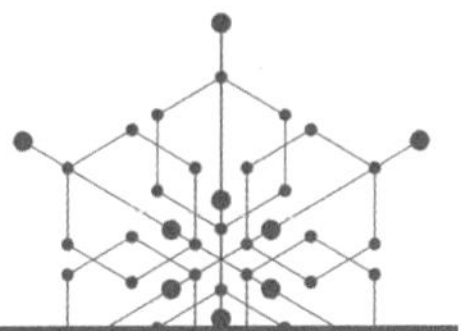

정의 ABO식 혈액형(ABO blood type)은 적혈구 표면의 응집원에 따라 A형, B형, AB형, O형의 4가지로 구분한 혈액형을 의미한다.

해설 수혈을 성공시키려는 노력은 오래되었고 끈질겼지만 번번이 실패로 끝났다. 그러다가 20세기 들어서야 오스트리아의 병리학자 란트슈타이너(Karl Landsteiner)가 비로소 실마리를 풀었다. 그는 1901년부터 사람의 혈액에 관한 연구를 시작하여 환자의 혈액을 다른 혈액과 섞었을 때 일어나는 응집 반응을 통해 사람의 혈액이 서로 다른 4가지로 분류될 수 있다는 것을 알아냈다. ABO식 혈액형 발견과 함께 수혈법까지 확립하여 혈액형에 따른 수혈을 가능하게 했다.

서로 다른 혈액형을 섞었을 때 나타나는 응집 반응은 일종의 항원-항체 반응으로, 적혈구 표면의 응집원은 일종의 항원 역할을 하고, 혈액의 액체 성분인 혈장 속 단백질인 응집소는 항체 역할을 하게 된다. 응집원에는 A와 B가 있고, 응집소에는 *α*와 *β*가 있다. 그림과 같이 사람의 혈액형은 적혈구 막에 있는 응집원의 종류에 따라 구분되며 각 혈액형의 혈장 속에는 적혈구가 가지고 있는 응집원과 반대의 응집소를 가지고 있다.

| 응집원과 응집소 |

구 분	AB형	A형	B형	O형
적혈구 (응집원)	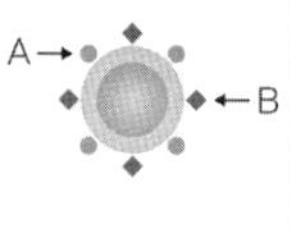 A→ ←B	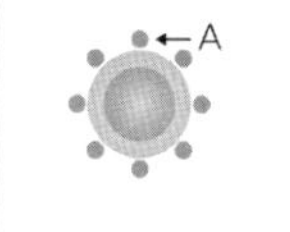 ←A	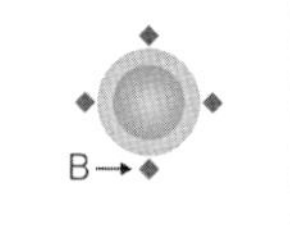 B→	 응집원 없음
혈장 (응집소)	 응집소 없음	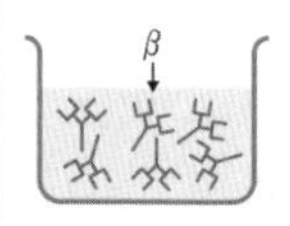 *β*	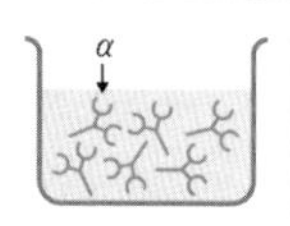 *α*	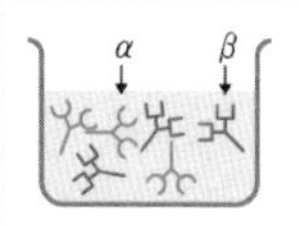 *α* *β*

ABO식 혈액형에 따른 수혈 관계는 그림과 같다. A형 혈액에 B형 혈액이 들어오면 A형 혈액의 응집소 *β* 와 B형 혈액의 적혈구 표면에 있는 응집원 B가 결합하는 항원 항체 반응을 일으키고 그 결과 혈액이 응집된다. 응집 반응은 혈액형이 서로 다른 두 사람의 혈액을 섞었을 때 적혈구끼리 서로 엉겨 크고 작은 혈구 덩어리가 형성되는 현상이다. 따라서 원칙적으로 같은 혈액형을 수혈하는 것이 가장 안전하다. O형의 경우 응집원이 없기 때문에 소량(200mL 미만)인 경우 다른 혈액형(A형, B형, AB형)에게 수혈이 가능하다. AB형은 응집소가 없어 다른 혈액형을 소량 수혈 받을 수 있다. 그러나 수혈은 보통 같은 혈액형끼리 한다.

ABO식 혈액형은 어떻게 판정할까? 응집소가 포함된 혈청을 이용하여 판정한다.

응집원 A와 응집소 α가 만나거나, 응집원 B와 응집소 β가 만나면 응집 반응이 일어나므로 응집소 α가 들어 있는 항 A 혈청(B형 표준 혈청)과 응집소 β가 들어 있는 항 B 혈청(A형 표준 혈청)에 각각 혈액형 판정 대상자의 혈액을 떨어뜨려 응집원 A와 B가 있는지의 여부를 확인하여 혈액형을 판정한다. 항 A 혈청에서 응집 반응이 일어나면 응집원 A가 있는 것이고, 항 B 혈청에서 응집 반응이 일어나면 응집원 B가 있는 것이다.

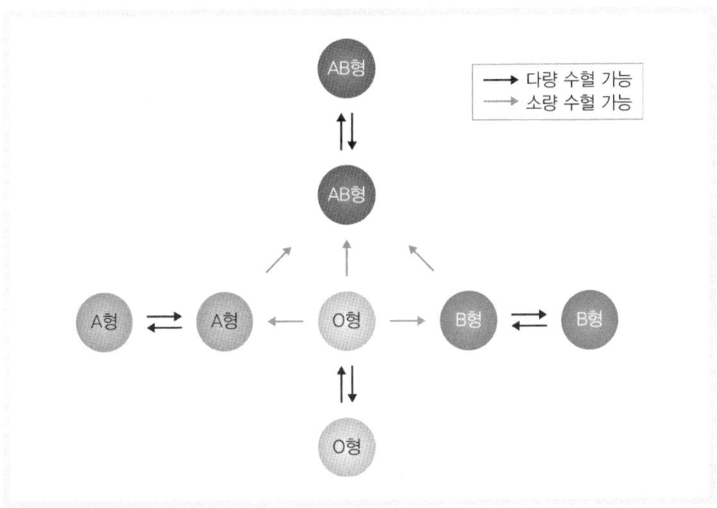

| ABO식 혈액형의 수혈 관계

생.
각.
거.
리.

인간 외의 동물에도 혈액형이 있을까?

인간과 같은 형태는 아니지만 다양한 종류의 혈액형이 존재한다. 고양이는 3종류, 말은 7종류, 면양은 8종류, 개는 11종류, 소는 12종류, 닭은 13종류, 돼지는 무려 15종류나 된다. 영장류에는 ABO식 혈액형이 존재하는데, 인간과는 좀 다르다. 원숭이는 인간과 유사한 A, B, AB, O형이 있으며 침팬지는 B형 인자가 없어 A형과 O형만 존재한다. 고릴라는 O형이 없이 B형만 있으며 오랑우탄은 A, B, AB형만 있는 것으로 알려지고 있다.
다른 동물들의 경우 혈액형이 다르더라도 인간처럼 혈액의 응집반응이 잘 일어나지 않으므로 수혈할 때 반드시 같은 혈액형을 사용해야 하는 것은 아니다. 그러나 처음 수혈 때는 거부 반응이 거의 일어나지 않더라도 다음 수혈 때는 항체가 이미 만들어져서 거부 반응이 일어날 수 있으므로 피하는 것이 좋다.

MN식 혈액형이란?

M형, N형, MN형으로 분류되는데 이 혈액형의 비율은 민족에 따른 차이가 거의 없고 M형 : N형 : MN형 = 3 : 2 : 5의 비율이다. M형, MN형인 사람의 혈구에는 M응집원이 있고, N형, MN형인 사람의 혈구에는 N응집원이 있는데, ABO식 혈액형과 달리 혈청에 대응하는 응집소를 가지고 있지 않다. 따라서 수혈할 때 MN식 혈액형은 고려하지 않아도 된다.

Weak A형, weak B형, Weak-D형이란?

적혈구에는 A형 또는 B형 항원(antigen)이 100만 개 정도 있는데 이보다 항원 수가 적은 적혈구를 갖는 사람도 있다. 혈액형 항원이 적게(약하게) 표현되므로 weak A 또는 weak B라고 명명되었다. Weak A형에는 A2, A3, Am, Ax, Ael 등이 있고 weak B형에는 B3, Bm, Bx 등이 있다. 아주 약한 A형 또는 B형은 O형으로 판정될 수 있으며 혈액형 정밀검사를 받아 보아야 정확한 혈액형을 알 수 있다.

자신의 혈액형을 Rh 음성으로 알고 있었던 사람이 다른 병원의 검사 결과에서 Rh 양성으로 나왔다며 때에 따라 다르게 판정되는 검사 결과에 당혹스러워하는 경우가 있는데, Weak-D인 사람은 Rh 양성인 사람에 비해 Rh 항원을 적게(약하게) 가지고 있어 통상적인 검사에는 Rh 음성으로 판정될 수 있다. Weak-D인 사람은 헌혈할 때는 Rh 양성으로 판정되지만 수혈 받아야 할 경우에는 Rh 음성 혈액을 수혈 받아야 한다.

Cis-AB형은 어떤 혈액형인가?

Cis-AB형은 부모 중 한쪽에서만 AB형의 유전형질을 물려받아 만들어지는 혈액형이다. 원래 A형 또는 B형 유전자는 따로 따로 각각 한쪽 염색체(chromosome)에 위치하는데 Cis-AB 유전자는 한쪽 염색체에 A형과 B형 유전자가 몰려 있다(cis란 "같은 쪽에 있다"는 뜻). 그래서 A형과 B형 유전자가 통째로 유전된다. -AB형인 사람과 O형 사이에서는 AB형 또는 O형이 생길 수 있다. 그리고 Cis-AB형인 사람과 유전자형이 AO인 A형 사이에서는 AB형, A형 또는 O형이 나올 수 있다. 그래서 가족 간에 혈액형으로 오해가 생길 수도 있다.

난소낭종 수술을 위해 병원을 들른 29세 여성은 혈액 검사에서 Cis-AB형이라는 판정을 받았다. 그러나 이번에 발견된 새로운

Cis-AB형은 부모에게서 Cis-AB 유전자를 물려받지 않았다. 환자의 아버지도 정상 B형이고, 어머니도 정상 B형이어서 매우 이례적이다.

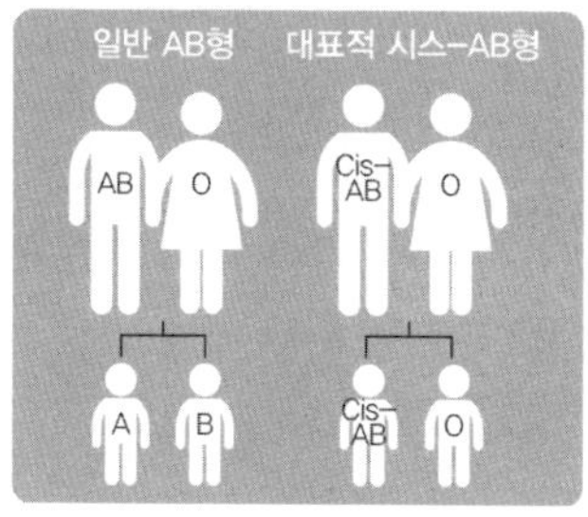

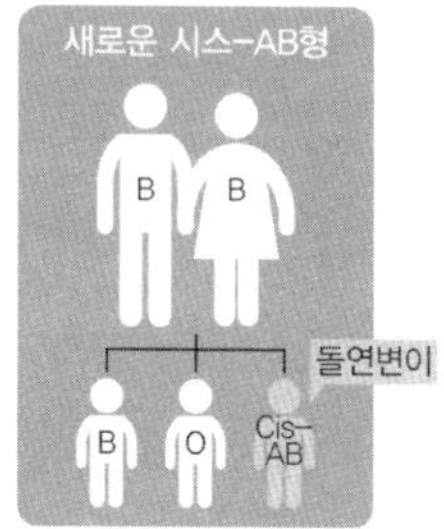

연구진은 이를 두고 "본인에게서 처음 유전자 돌연변이가 발생해 생긴 Cis-AB형을 확인한 첫 사례"라고 의미를 부여했다. 이 여성이 돌연변이 Cis-AB형의 시조(始祖)가 된 셈이다. Cis-AB형처럼 특이 혈액형을 가진 사람은 적혈구 수혈 시 AB형이 아닌 다른 혈액형 제제를 수혈 받아야 하므로 주의해야 한다.

헌혈을 해도 건강에는 아무런 지장이 없을까?

우리 몸은 매일 50mL 정도의 새로운 혈액을 만들어 내며, 이와 동시에 같은 양의 묵은 혈액은 몸속에서 파괴된다. 따라서 3~4개월이 지나면 우리 몸 안의 피는 새로운 피로 바뀌게 된다. 헌혈은 보통 320mL 정도의 피를 뽑아내는데 질병이 없을 경우 400mL 정도의 헌혈을 해도 건강에는 전혀 영향을 미치지 않는다. 헌혈은 나라에서 정한 헌혈 기준에 맞고, 헌혈 전에 체중, 혈압, 빈혈 등의 사전 검사를 받아 적정하다고 판정을 받은 사람만이 할 수 있다.

DNA

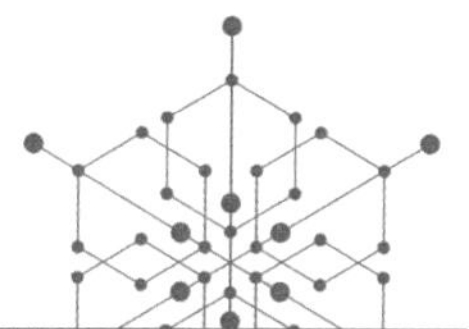

정의 DNA(deoxyribonucleic acid)은 핵산의 일종으로, 진핵세포와 원핵세포에 들어 있는 유전물질이다.

해설 생물체 내에서 유전 정보를 저장하거나 전달하는 물질을 핵산(核酸, nucleic acid)이라고 한다. 핵산은 세포에서 유전 현상과 단백질 합성에 관여하고 질소와 인을 포함하며 산성을 띤다. 스위스의 생화학자 미셔(Johann Friedrich Miescher, 1844~1895)가 발견했으며, DNA와 RNA 두 종류가 있다.

DNA(deoxyribonucleic acid, 디옥시리보 핵산)는 진핵세포의 경우 핵 내에 있고, 원핵세포에서는 세포질에 존재한다. 다른 한 종류인 RNA(ribonucleic acid, 리보 핵산)는 핵과 세포질 속에 분포해 있다. DNA는 인산, 5탄당, 염기가 1 : 1 : 1로 결합한 뉴클레오티드(nucleotide)라는 물질이 사슬과 같이 연결되어 있는 고분자 유기물이다. DNA를 구성하는 염기는 아데닌(A), 티민(T), 구아닌(G), 사이토신(C)의 4종류가 있다. A과 G는 두 개의 고리 구조로 이루어진 크기가 큰 퓨린 계열의 염기고, C과 T은 하나의 고리 구조로 이루어진 크기가 작은 피리미딘 계열의 염기다.

뉴클레오티드와 또 다른 뉴클레오티드는 인산과 당 사이의 공유 결합에 연결되어 폴리뉴클레오티드를 형성한다. 폴리뉴클레오티드의 한쪽 끝에는 5탄당의 5번 탄소가 위치하고, 반대쪽 끝에는 3번 탄소가 위치하게 되는데 이것을 각각 5′말단과 3′말단이라고 한다. 따라서 폴리뉴클레오티드는 당-인산 골격을 따라 5′에서 3′으로 방향성을 가진다.

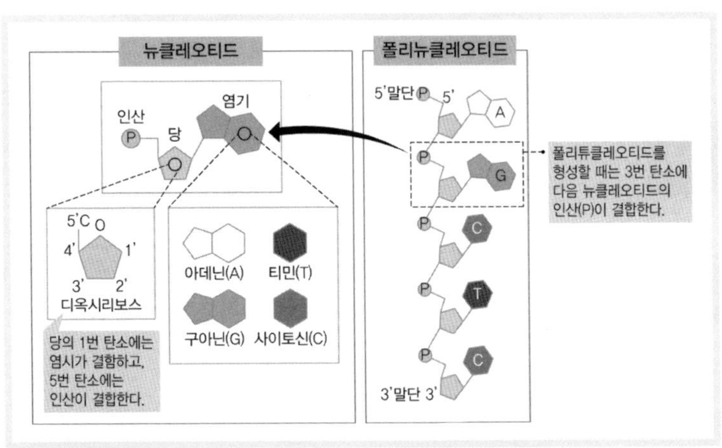

| 뉴클레오티드의 구조

1950년 미국의 생화학자 샤가프(Erwin Chargaff)는 DNA 염기 구성을 분석하여 생물 종에 따라 DNA 염기의 상대적인 양과 비율은 다르지만, 한 종 내에서는 일정하다는 것을 알아냈다. 또, 한 종 내에서 DNA를 이루는 A와 T의 양이 같고, G와 C의 양이 같다는 것을 발견했는데 이를 '샤가프의 법칙'이라고 한다.

A = T, G = C	퓨린계 염기(A+G) = 피리미딘계 염기(T+C)	$\frac{A+G}{T+C}=1$

샤가프 법칙이 발표된 이후 프랭클린(Rosalind Elsie Franklin)이 윌킨스(Maurice Hugh Frederick Wilkins)와 함께 DNA의 X선 회절 사진을 촬영했다. 1953년 왓슨(James Dewey Watson)과 크릭(Francis Harry Compton Crick)은 샤가프의 법칙과 프랭클린의 X선 회절 사진을 토대로 DNA 이중 나선 모델을 제시했다.

DNA는 서로 반대 방향으로 진행하는 2개의 폴리뉴클레오티드가 염기 간 수소 결합에 의해 일정한 간격을 유지하면서 오른쪽 방향으로 꼬여 있는 이중 나선 구조다. DNA 이중 나선은 지름이 약 2㎚이고, 이중 나선이 한 바퀴 회전하는 데 약 10개의 염기쌍이 필요하며, 그 거리는 3.4㎚이다. 따라서 한 염기쌍에서 다른 염기쌍까지의 거리는 0.34㎚이다. 아데닌(A)은 항상 티민(T), 구아닌(G)은 항상 사이토신(C)과 수소 결합을 하는데 이러한 결합을 '상보적 결합'이라고 한다. 퓨린 계열 염기는 피리미딘 계열 염기하고만 염기쌍을 형성하므로 DNA의 지름은 일정하다. 아데닌(A)는 티민(T)과 2중 수소 결합, 구아닌(G)은 사이토신(C)과 3중 수소 결합을 이룬다. 따라서 G≡C 결합이 A=T 결합보다 더 강해서 G와 C의 결합이 많을수록 DNA가 안정하다.

이때 DNA의 염기(A, T, G, C)의 배열 순서가 곧 유전 정보가 된다. 즉, DNA는 유전 정보를 암호화하고 있는 물질이다. 염기 배열은 생물의 종류에 따라, 또 같은 종류라도 개체에 따라 다르다. 같은 사람이라도 사람마다 달라서 얼굴, 피부 색깔, 근육, 머리카락, 체질, 성격 등 다양한 형질이 나타나게 된다. 세포 분열 시 DNA는 복제된 후 딸세포에게 전달되며, 자손은 생식 과정을 통해 부모의 DNA를 물려받는다.

생. 각. 거. 리.

DNA 지문 검사란 무엇인가?

사건 현장에 남겨진 DNA의 주인을 찾기 위해 DNA 지문 검사를 실시한다. 검사 결과 사건 현장에서 발견된 DNA와 비교해 밴드의 위치와 수가 같은 DNA 지문을 가진 사람이 발견된 DNA의 주인이다.

그렇다면 DNA 지문(fingerprinting)란 무엇인가? 사람의 DNA 중 약 2%만 유전자 부위고, 나머지는 비유전자 부위다. 비유전자 부위에 반복적인 짧은 염기 서열이 있으며, 이 염기 서열의 반복 횟수가 마치 손가락 끝 지문처럼 사람마다 달라 반복 부위의 길이도 다르다. 이렇게 개인마다 갖고 있는 독특한 DNA 염기 서열을 'DNA 지문'이라고 한다.

DNA 지문으로 인해 제한 효소에 의해 절단되는 부위가 사람마다 다르고 그에 따라 만들어지는 DNA 조각의 길이도 다양하다. 이 차이를 이용해 DNA 지문을 분석하는 방법을 'DNA 지문 검사'라고 한다. DNA 지문 검사는 먼저 DNA 반복 서열 부위를 중합효소 연쇄 반응(PCR)으로 증폭한 후 제한 효소로 잘라 전기 영동하여 그 크기를 비교하는 절차를 거친다.

젤 전기 영동법은 DNA 조각을 크기별로 분리하는 방법이다. 제한 효소로 자른 DNA 조각 혼합물을 형광 물질로 표지하여 한천으로 만든 얇은 판 형태의 젤의 홈에 넣고 전기를 걸어준다. 전류가 흐르기 시작하면 음(-)전하를 띠는 DNA 분자는 양(+)극 방향으로 이동하는데, DNA 조각의 크기에 따라 이동 속도가 다르므로 젤 상에 분리된 띠(밴드)로 나타난다. 이것이 DNA 지문으로 사용된다. DNA 조각의 크기가 클수록 젤을 빠져나가기가 어려워 천천히 이동하고, 크기가 작을수록 빠르게 이동하여 양(+)극 가

깝게 위치한다.

전기 영동 결과 나타난 띠의 위치는 사람마다 다르기 때문에 개인 식별에 이용될 수 있다. DNA 지문은 친자 관계를 확인하고, 사고 현장에서 신원을 확인하며, 범죄 현장에서 수집한 혈액이나 피부, 머리카락으로 범죄 용의자를 확인하는 등 여러 분야에서 유용하게 사용된다.

DNA, 유전자, 게놈은 어떻게 다를까?

세포가 분열할 때 나타나는 염색체 안에는 DNA가 들어 있다(1개의 DNA는 빽빽하게 꼬여 1개의 염색체를 이룬다). DNA의 모든 부분이 단백질을 만드는 데 이용되는 것이 아니다. 단백질을 합성하도록 발현되는 부분을 '엑손(exon)'이라고 하고, 발현되지 않는 부분을 '인트론(intron)'이라고 하는데, 단백질 합성 과정에서 효소에 의해 엑손만 모아지는 '스플라이싱(splicing)'이 일어난다. 즉, 필요한 유전 정보를 담고 있는 부분은 '엑손'으로 이 부분이 '유전자(gene)'에 해당한다. 다시 말해 유전자는 DNA의 특정 부위로 단백질을 만들 수 있는 정보를 갖고 있는 부분이다. 형질(한 생물체가 갖고 있는 특징)을 만들어내는 인자로 유전 정보의 단위다. 게놈(genome)은 유전자(gene)와 염색체(chromosome)의 합성어로, 유전 정보 전체를 뜻한다.

동안을 결정하는 유전자가 있을까?

영국과 네덜란드 공동 연구진은 동안(童顔)은 타고난 것이라고 발표했다. 연구진은 실험을 통해 4,000명 이상의 얼굴 나이를 추측하게 했다. 또 4,000명의 DNA를 분석해 실제 나이와 추측한 나이를 비교했다. 그 결과 실제 나이보다 많게 추측한 사람에게는 MC1R이라는 유전자가 있다는 것을 찾아낼 수 있었다. 4,000명 중에 약 6%는 MC1R 유전자를 한 쌍을 갖고 있으며, 이 사람들은 평균적으로 실제 나이보다 두 살 더 많아 보인 것으로 실험 결과 나타났다. 또 MC1R 유전자를 하나만 갖고 있는 사람은 평균 한 살 더 많아 보인 것으로 나타났다. 반대로 MC1R 유전자를 갖고 있지 않은 사람은 실제 나이대로 보이거나 실제 나이보다 어려 보였다. 연구진은 "이 유전자의 형성 과정이나 성질과 같은 다른 정보는 아직 밝혀진 것이 없다"면서, "MC1R 유전자를 갖고 있더라도 금연이나 자외선을 피하는 후천적인 노력 등으로 동안을 유지할 수 있다"고 말했다.

Rh식 혈액형

정의 Rh식 혈액형(Rh blood type)은 적혈구 표면의 응집원에 따라 Rh+형, Rh-형의 2가지로 구분한 혈액형을 말한다.

해설 Rh식 혈액형은 1940년 란트슈타이너(Karl Landsteiner)와 비너(Wiener, A. S.)가 공동 연구로 발견했다. 붉은털원숭이의 적혈구를 토끼에게 주사하면 토끼의 혈액 속에 붉은털원숭이의 적혈구를 응집시키는 응집소(항체)가 생성된다. 응집소가 형성된 토끼의 혈청(항 Rh 혈청)을 이용하여 이에 대한 응집 반응 여부로 Rh식 혈액형을 판정한다. 항 Rh 혈청에 응집하면 Rh^+형, 응집하지 않으면 Rh^-형으로 판정한다. 즉, 적혈구 막에 Rh 응집원(D)이 있으면 Rh^+형, 없으면 Rh^-형으로 구분한다.

Rh 응집원은 오직 적혈구에만 존재하므로 Rh 응집소가 생성되려면 반드시 Rh^+형 적혈구에 노출되어야 한다. 즉, Rh^+형 적혈구에 노출되기 전에는 Rh^-형인 사람의 체내에 Rh 응집소가 생기지 않는다.

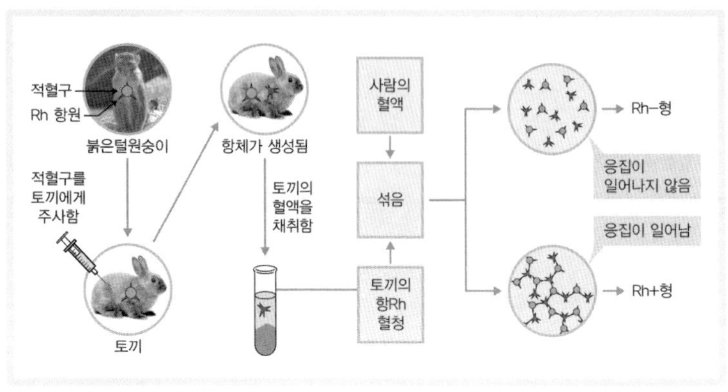

| Rh식 혈액형의 판정

그리고 Rh 응집소는 응집소 α, β와는 달리 분자량이 작아 태반을 통과할 수 있다.

혈액형	Rh^{+}형	Rh^{-}형
Rh 응집원 (적혈구)	있다 (응집원D)	없다
Rh 응집소 (혈장)	없다	Rh 응집원에 노출되면 생긴다. (응집소 δ)

Rh^{-}형은 Rh^{+}형에게 수혈할 수 있지만, Rh^{+}형은 Rh^{-}형에게 수혈할 수 없다. Rh 응집원이 없는 Rh-형이 Rh^{+}형의 혈액을 수혈 받을 경우 2~4개월 후에 Rh 응집원에 대한 응집소 δ가 생겨, 나중에 다시 Rh^{+}형 혈액을 수혈 받을 경우 응집 반응에 의해 적혈구가 파괴되는 용혈 현상이 일어나 생명이 위험해지기 때문이다. Rh-형은 동양에서는 전체의 1%도 안 되는 반면, 서양에서는 Rh^{-}형이 전체의 20%를 차지한다. 동양인은 Rh^{-}형이 극히 적어 수혈 시에 문제가 되기도 하므로 동양 국가에서는 Rh^{-}형인 사람을 따로 등록해두기도 한다.

생. 각. 거. 리.

적아 세포증이란 무엇일까?

Rh식 혈액형에서 Rh^+는 Rh^-에 대해 우성이므로 Rh^+형과 Rh-형인 부부 사이에서 Rh^-형이 태어날 수 있다. Rh^+형인 남자와 Rh^-형인 여자가 결혼하여 Rh^+형인 첫째 아이를 임신한 경우 출산 시 태아의 적혈구(Rh 응집원)가 태반을 통해 모체로 들어가 태아의 Rh^+에 의해 모체 내에 Rh 항체가 생성된다(첫째 아이는 정상 출산이 가능하다). 두 번째 임신에서도 Rh^+형인 태아를 임신한 경우 모체 내의 Rh항체가 태아의 혈관으로 들어가 항원-항체 반응을 일으킴으로써 태아의 성숙한 적혈구를 파괴해 어리고 미성숙한 적혈구(적아 세포)만 증가한다. 적아 세포는 산소 운반 능력이 떨어지기 때문에 심한 빈혈을 일으켜 태아가 사산되거나 유산될 확률이 높다. 이를 적아 세포증(赤芽細胞症, erythroblastosis fetalis) 또는 신생아용혈증(新生兒溶血症)이라고 한다.

이러한 적아 세포증을 예방하려면 모체의 몸에 Rh 항체가 생기지 못하게 막아야 한다. 즉, Rh^+형인 아이를 낳은 Rh^-형인 산모에게 산모의 면역계가 태아의 적혈구(Rh 응집원)에 대한 항체를 만들기 전에 미리 항Rh혈청(Rh 응집소)을 투여하면 산모의 몸에 유입된 태아의 적혈구가 제거된다. 이때 주사하는 것이 Rh 면역글로불린인데, 임신 30주경부터 출산 직후(72시간 이내) 사이에 맞아야 효과가 있다.

혈액을 보충하는 방법에는 수혈밖에 없을까?

지금까지는 수혈이 유일했지만 앞으로는 이를 대체할 인공 혈액을 통한 혈액의 수혈이 보편화될 것으로 보인다. 물론 인공 혈액다. 원래 혈액은 영양분 공급, 노폐물 수거, 면역 기능 등 다양한 역할을 하는데 인공 혈액이 이러한 혈액의 기능을 모두 수행할 것으로 기대하기는 어렵다. 다만 혈액의 기능 중 산소 운반 기능을 담당하는 것이다. 그럼에도 불구하고 인공 혈액은 다음과 같은 많은 장점을 갖고 있다.

일반 혈액은 보관 기관이 3주에 불과하지만 인공 혈액은 1년 가까이 신선하게 보관할 수 있고, 폐기될 혈액을 재활용하는 것이므로 혈액 부족 현상을 해결할 수 있다. 또 강력한 무균 처리로 수혈에 따른 감염의 위험도 크게 낮출 수 있다. 게다가 인공 혈액은 혈액의 표면에 노출되어 있는 단백질이나 당 등이 없기 때문에 혈액형에 상관없이 수혈이 가능하다.

'젊은 피 수혈'은 정말 효과가 있을까?

1950년대 미국 코넬 대학 연구진은 젊은 쥐의 피를 늙은 쥐에게 수혈함으로서 회춘효과가 있다는 것을 증명해보였다. 이후 쥐를 해부한 결과 늙은 쥐의 연골이 실험 전보다 더 젊어졌다는 것은 확인했으나 그 이유를 밝혀내지는 못했다. 50년이 흐른 2000년대 스탠퍼드 대학 연구진은 비슷한 실험을 진행하여 젊은 쥐의 혈액 속에 노화한 줄기세포를 깨우는 회춘 물질인 GDF11 단백질 때문이라는 것을 밝혀냈다. 2014년 하버드 대학 연구진은 젊은 쥐의 혈액을 늙은 쥐에게 수혈한 결과 근육과 두뇌가 젊음을 되찾는 '안티 에이징' 효과가 있는 것을 확인했다. 캘리포니아 대학 연구진은 젊은 쥐의 피를 뽑아 늙은 쥐에게 반복해서 투여했다. 그 결과 젊은 피를 받은 늙은 쥐는 미로에서 먹이를 더 잘 찾고, 쳇바퀴에서 더 오래 달렸다.

혈청이란 무엇인가?

혈장단백질인 피브리노겐이 피브린으로 전환되는 혈액 응고 과정에서 응고 후에 남는 혈장 부분을 말한다. 항A 혈청과 항B 혈청은 혈액형을 쉽게 판별할 수 있게 색소를 혼합하여 사용한다(항A 혈청에는 파란색 색소, 항B 혈청에는 노란색 색소).

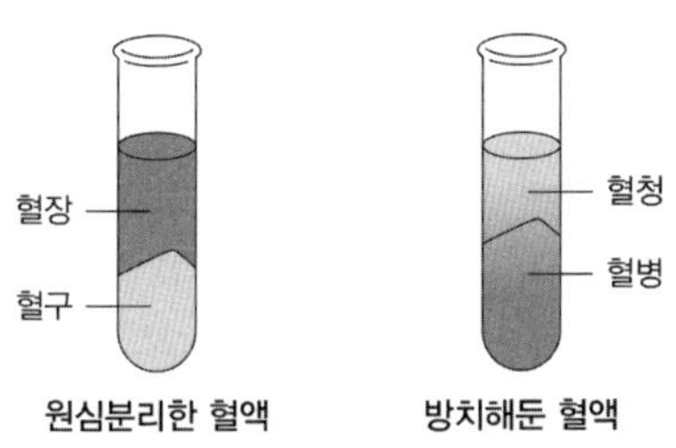

자료 출처 및 참고문헌

생명과학

11쪽 내용(아킬레스건): 고선아, 『생물에 둘러싸인 하루』, 살림FRIENDS, 2012.

12쪽 내용(쥐): 위르겐 브라터, 안미라, 『즐거운 생물학』, 살림, 2009.

12쪽 내용(우람한 근육질): KISTI 메일진 과학향기, 『과학향기』, 북로드, 2004.

15쪽 사진(왼쪽): http://kimstreasure.tistory.com/991

15쪽 사진(오른쪽): http://blog.naver.com/astone77/220881307149

16쪽 사진(왼쪽): http://buaniyagi.com/xe/menu_00/6798

16쪽 사진(오른쪽): http://ecotopia.hani.co.kr/278511

17쪽 사진(왼쪽): http://barnabas40.tistory.com/256

17쪽 사진(오른쪽): http://www.skyspace.pe.kr/zboard/view.php?id=gallery&page=1&sn1=&divpage= &sn=off&ss=on&sc=on&select_arrange=hit&desc=desc&no=413

19쪽 사진(오른쪽): http://kids.hankooki.com/

22쪽 내용(가을 단풍): http://www.chosun.com/

26쪽 내용(적혈구 이상): http://www.dongascience.com/[동아사이언스]

33쪽 내용(큰 물고기): http://www.dongascience.com/[동아사이언스]

39쪽 내용(머리가 크면): KISTI 메일진 과학향기, 『과학향기』, 북로드, 2004.

40쪽 그림: https://wall.alphacoders.com

42쪽 그림: 미국 국립보건원

55쪽 내용(낮잠과 당뇨병): http://www.dongascience.com/[동아사이언스]; 유럽당뇨병학회

81쪽 사진(오른쪽): http://m.blog.daum.net/svinus81/5#

83~84쪽 내용(미토코드리아): http://www.sciencetimes.co.kr/[사이언스타임스]

90쪽 사진: http://cdc.go.kr/CDC/main.jsp[질병관리본부]

94~95쪽 내용(미생물): KISTI 메일진 과학향기, 『과학향기』, 북로드, 2004.

108쪽 내용(비타민 하루 권장량): http://www.kns.or.kr/[한국영양학회]

122쪽 내용(바나나): KISTI 메일진 과학향기, 『과학향기』, 북로드, 2004.

164쪽 내용(남성 유방암): KISTI 메일진 과학향기, 『과학향기』, 북로드, 2004.

178쪽 내용(GMO 식물): http://www.dongascience.com/[동아사이언스]

152쪽 내용(심장의 배터리): http://www.kjmc.co.kr[김해중앙병원]

190~194쪽 내용(이종 간 장기 이식): http://www.sedaily.com/NewsView/1ODCSF7CE2[문병도의 톡톡 생활과학]

213~214쪽 내용(체온과 면역력): http://news.mk.co.kr/newsRead.php?no=559346&year=2016

223~226쪽 내용(사랑의 묘약): http://www.sciencetimes.co.kr/[사이언스타임스]

추천사

정보 탐색의 아쉬움을 해결해주는 친절함

이종호
(한국과학저술인협회 회장)

한국인이 책을 너무 읽지 않는다는 것은 꽤 오래된 진단이지만 근래 들어 부쩍 더 심해진성습니다. 전철이나 버스에서 스마트폰으로 다들 카톡이나 게임을 하지 책을 읽는 사람은 거의 없습니다. 과학 분야 책은 말할 것도 없겠지요. 과학 분야의 골치 아픈 개념들을 굳이 책을 보고 이해할 필요가 뭐란 말인가, 필요할 때 인터넷에 단어만 입력하면 웬만한 자료는 간단히 얻을 수 있는데……다들 이런 생각입니다. 그러니 내로라하는 대형 서점들의 판매대도 갈수록 졸아들어 겨우 명맥만 유지하고 있는 것이겠지요.

이런 현실에서 과목명만 들어도 골치 아파 할 기술발명, 물리, 생명과학, 수학, 지구과학, 정보, 화학 등 과학 분야만 아울러 7권의 '친절한 과학사전' 편찬을 기획하고서 저술위원회 참여를 의뢰해왔을 때 다소 충격을 받았습니다. 이런 시도들이 무수히 실패로 끝나고 만 시장 상황에서 첩첩한 현실적 어려움을 어찌 이겨 내려는가, 하는 염려가 앞섰습니다.

그러나 그간의 실패는 독자의 눈높이에 제대로 맞추지 못한 탓도 다분한 것이어서 '친절한 과학사전'은 바로 그 점에서 그간의 아쉬움을 말끔히 씻어줄 것으로 기대됩니다. 또 우리 학생들이 인터넷에서 필요한 정보를 검색했을 때 질적으로 부실한 자료에 대한 실망감을 '친절한 과학사전'이 채워줄 것으로 믿습니다. 오랜 가뭄 끝의 단비 같은 사전이 출간된 기쁨을 독자 여러분과 함께 나눌 수 있기를 바랍니다.

추천사

제4차 산업혁명의 동반자 탄생

왕연중
(한국발명문화교육연구소 소장)

오랜만에 과학 및 발명의 길을 함께 갈 동반자를 만난 기분이었습니다. 생활을 함께할 동반자로도 손색이 없을 것 같았지요. 생활이 곧 과학이기 때문입니다.

40여 년을 과학 및 발명과 함께 살아온 저는 숱한 과학용어를 접했습니다. 특히 글을 쓰고 교육을 할 때는 좀 더 정확한 용어의 선택과 누구나 쉽게 이해할 수 있는 해설이 필요했습니다. 그때마다 자료가 부족하여 무척 힘들었지요. 문과 출신으로 이과 계통에서 일하다보니 더 힘들었고, 지금도 마찬가지입니다.

바로 이때 '친절한 과학사전' 편찬에 참여하여 감수까지 맡게 되었습니다. 원고를 읽는 순간 저자이기도 한 선생님들이 교육현장에서 학생들에게 과학을 가르치는 생생한 육성을 듣는 기분이었습니다. 신선한 충격이었지요.

40여 년을 과학 및 발명과 함께 살아왔지만 솔직히 기술발명을 제외한 다른 분야는 비전문가입니다. 따라서 그동안 느꼈던 과학 용어에 대한 갈증을 해소시켜주는 청량음료를 만난 기분이었습니다.

그동안 어렵게만 느껴졌던 과학용어가 일상용어처럼 느껴지는 계기를 마련할 것으로 믿으며, '제4차 산업혁명의 동반자 탄생'으로 결론을 맺습니다.

'친절한 과학사전'이 누구보다 선생님들과 학생들이 과학과 절친한 친구가 되는 역할을 하기를 기대합니다.

누구나 쉽게 과학을 이해하는 길잡이

강충인
(한국STEAM교육협회장)

일반적으로 과학이라고 하면 복잡하고 어려운 전문 분야라는 인식을 가지고 있습니다. 그러나 '친절한 과학사전'은 과학을 쉽게 이해하도록 만든 생활과학 이야기라고 할 수 있습니다. 과학은 생활 전반에 응용되어 편리하고 다양한 기능을 가진 가전제품을 비롯한 생활환경을 꾸며주고 있습니다.

지구가 어떻게 생겨나 어떻게 변화해오고 있는지를 다룬 것이 지구과학이고, 인간의 건강과 생명은 어떻게 구성되어 있고 관리해야 하는가는 생명과학에서 다루고 있습니다.

수학은 생활 속의 집 구조를 비롯하여 모든 형태나 구성요소를 풀어가는 방법입니다. 과학적으로 관찰하고 수학적으로 분석하여 새로운 것을 만들거나 기존의 불편함을 해결하는 발명으로 생활은 갈수록 편리해지고 있습니다.

수많은 물질의 변화를 찾아내는 화학은 물질의 성질에 따라 문제를 해결하는 방법입니다. 물리는 자연의 물리적 성질과 현상, 구조 등을 연구하고 물질들 사이의 관계와 법칙을 밝히는 분야로 인류의 미래를 위한 분야입니다. 4차 산업혁명시대에 정보는 경쟁력입니다. 교육은 생활 전반에 필요한 지식과 정보를 습득하는 필수 과정입니다.

'친절한 과학사전'은 학생들이 과학 지식과 정보를 쉽고 재미있게 배우는 정보 마당입니다. 누구나 쉽게 과학을 이해하는 길잡이이기도 합니다.

친절한 과학사전 - 생명과학

초판 1쇄 2017년 9월 28일 펴냄
초판 2쇄 2019년 2월 28일 펴냄

지은이 | 정미영
펴낸이 | 이태준
기획·편집 | 박상문, 김소현, 박효주, 김환표
디자인 | 최원영
관리 | 최수향
인쇄·제본 | 제일프린테크

펴낸곳 | 북카라반
출판등록 | 제17-332호 2002년 10월 18일
주소 | (04037) 서울시 마포구 양화로7길 4(서교동) 삼양 E&R빌딩 2층
전화 | 02-486-0385
팩스 | 02-474-1413
www.inmul.co.kr | cntbooks@gmail.com

ISBN 979-11-6005-040-0 04400
979-11-6005-035-6 (세트)

값 10,000원

이 도서의 국립중앙도서관 출판시도서목록(CIP)은 서지정보유통지원시스템 홈페이지(http://seoji.nl.go.kr)와 국가자료공동목록시스템(http://www.nl.go.kr/kolisnet)에서 이용하실 수 있습니다. (CIP제어번호 : CIP 2017023941)